筑梦嫦娥

中国首次月球采样返回任务
· 轨道器研制工作实录 ·

主 编 | 张玉花

副主编 | 查学雷　丁同才　胡震宇
　　　　李天义　欧阳尚荣

人民邮电出版社
北京

图书在版编目（CIP）数据

筑梦嫦娥：中国首次月球采样返回任务轨道器研制工作实录 / 张玉花主编. -- 北京：人民邮电出版社，2025. -- ISBN 978-7-115-66412-9

Ⅰ. V476

中国国家版本馆 CIP 数据核字第 2025F7R530 号

内 容 提 要

"嫦娥应悔偷灵药，碧海青天夜夜心。"自古以来，月亮便承载着中国人深厚的情感，宛如国人的另一个故乡。那奔月而去、一去不返的嫦娥，与我们在每一个深夜遥遥相望……。2004 年，中国月球探测工程经国务院批准正式立项，并由国家航天局将探月任务命名为"嫦娥工程"。本书讲述了上海航天技术研究院参与嫦娥工程的历程，以及在型号研制过程中那些值得铭记的人和事。全书共 6 章：第 1 章，追溯了上海航天技术研究院参与嫦娥工程的初心与契机。第 2 章，记叙嫦娥五号轨道器研制团队在方案设计时的奇思妙想与精心构思。第 3 章和第 4 章，记录轨道器研制团队在初样、正样阶段攻克各种技术难题时的难忘经历。第 5 章和第 6 章，描绘轨道器研制团队集体以及个人的风采。

本书由轨道器一线设计师在工作之余亲笔撰写，字里行间洋溢着团队朝气蓬勃、追逐梦想的精神风貌，体现了严慎细实、无私奉献、协同攻关的航天精神。嫦娥工程留下的宝贵财富，不仅在于实现了国人千年的奔月梦想，更重要的是，历练出了一支作风优良、技术精湛的航天队伍，催生出了振奋人心的探月精神。

◆ 主　　编　张玉花
　　副 主 编　查学雷　丁同才　胡震宇　李天义　欧阳尚荣
　　责任编辑　牛晓敏
　　责任印制　马振武

◆ 人民邮电出版社出版发行　　北京市丰台区成寿寺路 11 号
　　邮编 100164　　电子邮件 315@ptpress.com.cn
　　网址 https://www.ptpress.com.cn
　　北京瑞禾彩色印刷有限公司印刷

◆ 开本：720×960　1/16
　　印张：12　　　　　　　　　　　　　2025 年 7 月第 1 版
　　字数：156 千字　　　　　　　　　　2025 年 7 月北京第 1 次印刷

定价：89.80 元

读者服务热线：(010)53913866　印装质量热线：(010)81055316
反盗版热线：(010)81055315

———— 本书编写组

主　编： 张玉花

副主编： 查学雷　丁同才　胡震宇　李天义　欧阳尚荣

策　划： 赖东方　杜善亮　赵　晨　袁　勇

撰　稿（按姓氏拼音排序）：

曹燕燕　陈　超　陈　诚　陈登海　陈　辉

陈　佳　丁　琳　杜善亮　傅丽佳　盖建宁

黄树勇　雷　磊　李　鹏　刘汉武　刘志强

毛国斌　苗瑞琴　彭立章　邱保强　沈宏华

谈　寅　王金童　王立胜　王卫军　王卫楠

王　勇　吴红松　武加纯　阎虎新　杨　敏

杨延蕾　禹　志　袁　勇　张　华　张　武

张则梅　赵　晨　赵吉喆　周　健

特别感谢游本凤老师为本书提供文学校审。

特别感谢探月与航天工程中心对本书的出版提供支持。

序

地球是人类的摇篮，但人类不会永远生活在摇篮里。

月球，这个距离地球最近的自然天体，数十亿年来一直与她的母星朝夕相伴、形影不离。古往今来，人们抬头仰望月球，倾慕于她的优雅，陶醉于她的美丽，惊叹于她的神秘。

在人类开创了太空时代后，月球成为迈向深空的起点和基础。月球是研究地球、地月系和太阳系起源与演化的重要对象，具有可供人类开发和利用的独特资源，因此被当作人类向外层空间发展的理想基地和前哨站。

1959 年至 1976 年，美国和苏联展开了以月球探测为中心的空间竞赛，掀起了第一轮月球探测热潮。1969 年 7 月，美国的阿波罗 11 号飞船实现了人类首次登月，此后美国阿波罗系列飞船进行 6 次载人登月，共计带回约 382 千克月球样品。苏联进行 3 次无人登月共计带回约 326 克月球样品。美苏两国还收集了海量的科学数据，促进了航天科学技术的发展，带动了一系列技术的创新与推广应用，大大提高了人类对月球、地球和太阳系的认识，取得了划时代的成就。从 20 世纪 70 年代中期至 90 年代初的十几年里，月球探测进入了冷静期。在这段时间里，世界各国均未发射任何月球探测器，而是持续对第一轮月球探测热潮期的技术和成果进行总结和反思。

20 世纪 90 年代，美国的克莱门汀号任务发现月球上可能存在水，这一发现重新唤起了人类对月球探测的极大热情。同时，随着世界各国科学与空间技术的不断提高与完善，新一轮"重返月球"热潮就此开启。

我国载人航天工程立项并取得成功后，我国政府把月球探测作为又一项重要的航天发展战略。2000 年 11 月 22 日，国务院新闻办公室首次发表《中国的航天》白皮书，明确提出的发展目标有"发展空间科学，开展深空探测"，其中提出了开展以月球探测为主的深空探测预先研究。2004 年年初，我国全面开启了月球探测的征程，并将其正式命名为"中国探月工程"。我国探月工程分"绕、落、回"三期。2007 年，一期工程发射嫦娥一号卫星，实现绕月探测；2010 年与 2013 年，二期工程先后发射嫦娥二号绕月卫星及嫦娥三号着陆器与巡视器组合体，实现中国首次月球软着陆探测和月面自动巡视勘察。三期工程作为探月工程的最后一步——"回"，于 2011 年 7 月 14 日，由国家国防科技工业局正式立项。探月三期工程嫦娥五号探测器由轨道器、着陆器、上升器和返回器 4 器组成，采用长征五号运载火箭单次发射。嫦娥五号在 2011 年立项后，于 2017 年前完成了全部研制与测试工作，最终于 2020 年发射，圆满完成在轨任务。嫦娥五号取样返回作为"我国迄今复杂度最高、技术跨度最大的航天系统工程，首次实现了我国地外天体采样返回"，获得党和国家的高度评价。

2021 年 2 月 22 日，习近平总书记在北京人民大会堂会见了嫦娥五号任务参研参试人员代表，我很荣幸地出席了这一仪式。习近平总书记强调，嫦娥五号任务的圆满成功，标志着探月工程"绕、落、回"三步走战略圆满收官，是发挥新型举国体制优势攻坚克难取得的又一重大成就，是航天强国建设征程中的重要里程碑，对我国航天事业发展具有十分重要的意义。习近平总书记还强调，要弘扬探月精神，发挥新型举国体制优势，勇攀科技高峰，服务国家发展大局，一步一个脚印开启星际探测新征程，不断推进中国航天事业创新发展，为人类和平利用太空做出新的更大贡献。

聆听着习近平总书记对探月工程及航天人的高度评价和亲切勉励，我感到非常激动与自豪，心情久久不能平静。

从嫦娥三号、嫦娥四号巡视器分系统研制，到嫦娥五号轨道器抓总研制，上海航天技术研究院深度参与了我国月球探测工程的研制与飞行任务。自 2011 年至今的 10 余年，我有幸见证了探月团队与探月工程共同成长、彼此成就的历程。在这个过程中，我们经历了轨道器总体技术、结构轻量化、对接与样品转移、高精度高可靠分离以及分布式综合电子等艰难的关键技术攻关；经历了新产品、新状态、新人员的磨合与历练，承受了长达 3 年的贮存期及多次发射窗口调整的严峻考验。初心如磐、使命在肩。正是凭借一路披荆斩棘、砥砺奋进的精神，我们才最终为我国月球探测工程添上了浓墨重彩的一笔。

天海茫茫，深空无尽，吾辈将不懈求索。

展望未来，中国月球与深空探测的宏伟蓝图已然绘就，除了进一步拓展月球和火星的探测项目，航天人还将把深空探测的目光投向太阳系其他行星、小行星乃至更加深远的距地球 150 亿千米的太阳系边际。通过深空探测，聚焦国家战略需求，推动航天产业发展，建设科技人才高地，将使我们的目光更加开阔，胸襟更加宽广，步伐更加坚定。

揽月而归，逐梦而行。中国航天人将心怀梦想、奋勇拼搏，秉承航天报国之志，坚定航天强国之念，以探月精神逐梦星空，以奋斗姿态砥砺前行，让中国人的足迹抵达更加浩瀚深远的星辰大海，在奋力奔跑和接续奋斗中不断成就梦想，为星际探测新征程继续贡献新的力量！中国航天人的亮丽风采，必将在新一轮航天大发展中再次谱写新华章！

嫦娥五号 / 六号探测器系统副总指挥、轨道器总指挥

前言

一只沙狐见证"月球来客"

穿云而落，天外来客。

2020 年 12 月 17 日凌晨，内蒙古四子王旗戈壁滩上，一个形如倒扣铜钟的返回器悄然着陆。

此时，一只惯于晨巡的沙狐正逡巡在那片属于它的领地，忽见冰封荒漠中兀立着一个陌生物体——形似微缩帐篷却通体刚硬，银白外壳布满焦灼纹路，恍若历经星际跋涉。沙狐驻足凝眸，警惕地嗅探着这散发异星气息的不速之客。野生动物特有的敏锐直觉令其鬃毛乍立，倏然转身隐入漫天风雪，唯留串串梅花状爪印如在大地上镌刻的问号。

▲ 迎接天外来客的沙狐（来源：探月与航天工程中心）

此刻沙狐尚不知晓，这个凝结着人类智慧的"嫦娥五号返回器"，正以 38 万千米外的月壤气息改写历史。当北京航天飞行控制中心的蓝色光幕与草原搜救车队的红色警示灯交相辉映时，这只沙狐已然成为首个感知地外归客的地球生灵。在这寂静与轰鸣交织的凌晨，中国航天人用十年磨剑的执着，在探月工程"绕、落、回"的终章刻下完美句号——九天揽月终成真，十载砺剑取样归。

嫦娥五号月球自动取样返回任务的成功，标志着中国掌握了月球探测的关键技术，完成了"绕、落、回"的三步走战略，我国从航天大国向航天强国又迈出了坚实的一步。自2004年探月工程立项，上海航天人便以"一张蓝图贯始终"的定力，构建起"基础研究—关键技术—工程验证"的全链条研制体系。轨道器研制团队更历经7年研制、3年贮存、10年优化的漫长淬炼，终将"嫦娥奔月"的神话锻造成航天重器，锻炼了一支敢于攻关、善于攻关、甘于奉献的研制队伍。

本书多方位展现了轨道器——嫦娥五号探测器中重要组成部分的研制历程，讲述了上海航天人在嫦娥五号探测器研制过程中的努力与坚守，参与国家重大工程的责任与担当，为我国的航天事业、探月工程贡献上海智能，展现中国力量。成功属于历史，成就属于过去。在品尝胜利的喜悦后，这群航天人又收拾行装，再次踏上新的征程，为中国航天的未来继续奋斗，为建设航天强国继续努力。

国家国防科技工业局探月与航天工程中心作为探月三期工程总体，既是我们的上级单位，又是我们的用户之一。方案立项后，探月与航天工程中心在上海组织上海航天技术研究院和其他在沪参研单位研制人员进行了产品保证要求全员培训，做到了所有参研人员持证上岗。在轨道器研制的10年中，上海航天技术研究院的工作始终得到了探月与航天工程中心的大力支持。正是在探月与航天工程中心各级领导的指导和关心下，上海航天技术研究院充分发挥主动性和能动性，积极作为，勇于担当，最终圆满完成轨道器飞行试验任务。在此，我们向探月与航天工程中心表达深深的谢意。

目录————

第4章 CHAPTER 4
十年磨剑，三年淬火——正样砺成

第5章 CHAPTER 5
回首艰辛来时路，月宫梦圆苦后甜

第6章 CHAPTER 6
功成名就非偶然，群英勠力铸辉煌

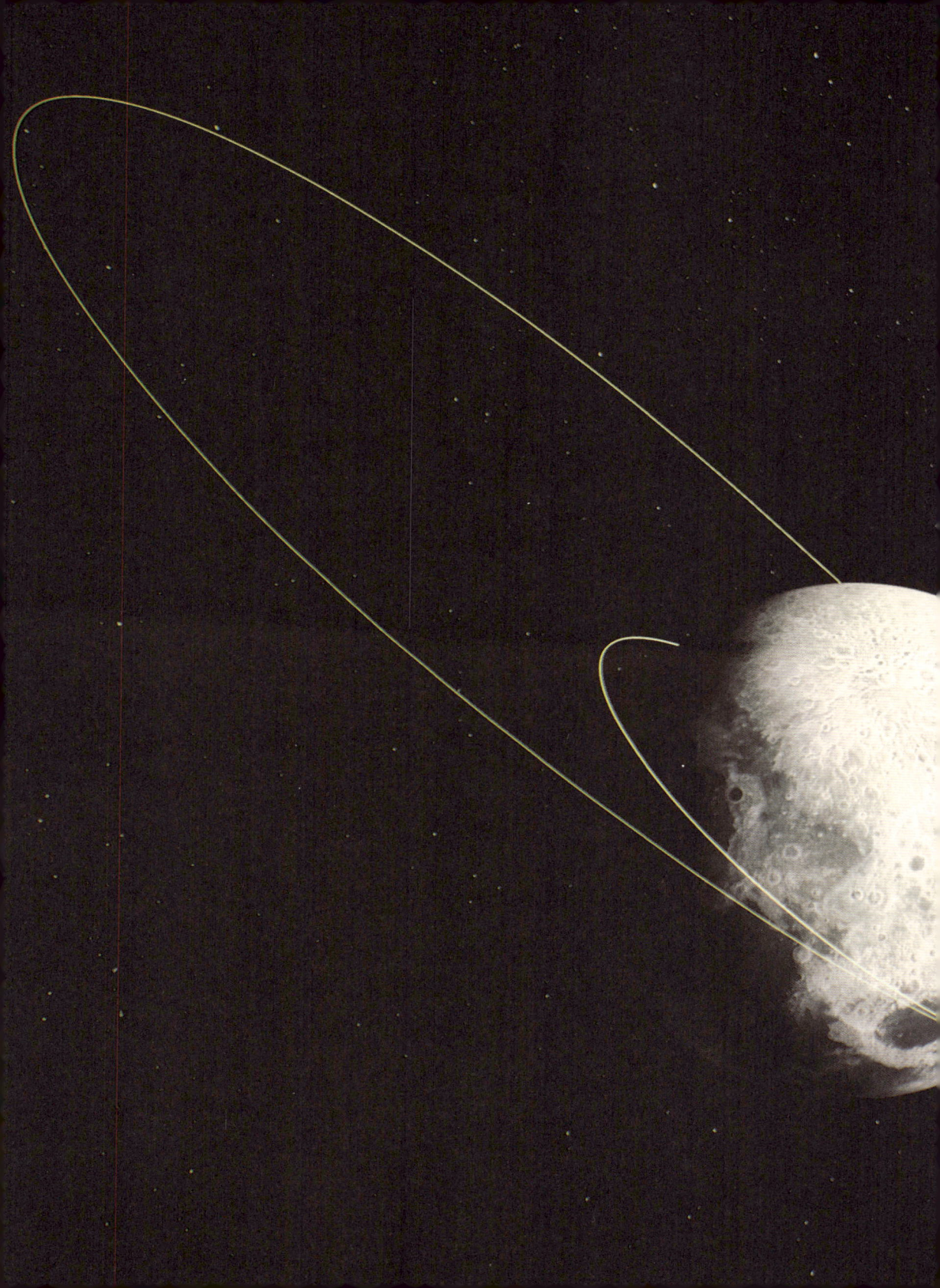

第1章

嫦娥逐梦守初心，
廿载三步叩广寒

月球是人类在夜空中看到的最明亮的天体，也是离地球最近的天然卫星。随着人类不断地通过运载火箭或飞船进入太空，人类对于这颗"近在咫尺"的星球的探测欲望越来越迫切，亟待窥其"庐山真面目"。因此，在人类走向地外行星的旅程中，探月和登月成为了人类最早实现的光辉梦想。

　　二十世纪六七十年代，美国率先实现载人登月。That's one small step for man, one giant leap for mankind.（这是个人的一小步，却是全人类的一大步）。多少年来，登月第一人阿姆斯特朗的这句名言，一直回响在人们的耳畔。就在那次登月中，阿姆斯特朗和奥尔德林还在月球上放置了一块金属纪念碑，上面写着：Here men from the planet earth first set foot upon the moon, July 1969 A.D. We came in peace for all mankind.（公元1969年7月，来自地球的人类首次踏上月球。我们为全人类的和平而来）。

　　1978年5月28日，美国向我国赠送了一份珍贵的月岩样品，其重量仅为一克，外形小巧得宛如一粒黄豆。这份来自月球的珍奇样品被一分为二，其中一半珍藏在北京天文馆，另一半用于科学研究。这份微小的月岩样品就是中国探月征程的起点。作为航天大国，中国在探月和登月领域理应有所建树，展现大国风采。

　　启动探月工程这一具有里程碑意义的重大项目，是对整个中国高科技资源的全面整合与利用，更是通过培育探月工程研制能力，推动产学研深度融合，迈向更高层次的发展阶段。这一举措培养和造就出一支有能力担当重任的高科技人才队伍，进一步提升了国家的综合国力和科技水平。探月工程不仅仅是一项科学探索任务，更是民族精神的彰显，也是大国综合国力和科技实力的象征。中华民族作为一个伟大的民族，需要探月工程这样的重大工程来弘扬民族志气。“嫦娥奔月”是中华民族的古老神话，把这一神话变为现实，是我国由航天大国迈向航天强国的重要标志之一，也是中华民族伟大复兴道路上又一座巍峨的里程碑。

与载人航天工程一样，中国的探月计划起源于“国家高技术研究发展计划”（863计划），而“探月课题组”的成立，点燃了中国航天人埋藏在心底多年的探月梦想。1995年，中国航天人首次提出了研制第一颗月球卫星的设想和方案。接着，国防科学技术工业委员会（以下简称国防科工委）委托航天资深专家孙家栋院士担任该项目技术领军人，负责组织专家开展立项论证工作，由此拉开了中国月球探测的序幕。2004年2月25日，中国探月工程领导小组综合各方面意见，给工程起了一个具有中国特色的美丽名字——“嫦娥工程”。

一个民族经历了无数岁月的等待与期盼，终于迎来了“圆梦嫦娥”的光辉时刻，对于上海航天人而言，他们也终于迎来了“筑梦嫦娥”，投身伟大事业的重大历史契机。

1.1. 魂牵梦绕
——缘起探月一期

任何一个航天强国，都致力于在深空探测领域有所突破，并取得积极成果。随着我国载人航天工程取得实质性进展和辉煌成就，探月工程自然而然地被列入议事日程。自1999年起，国防科工委便开始组织有关部门系统地论证了月球探测科学目标。2002年，在科学目标牵引下，国防科工委组织科学家和工程技术人员深入研究月球探测工程的技术方案。经过两年多的努力，深化了科学目标及其实施途径，落实了探月工程的技术方案，建立了全国大协作的工程体系，提出了将我国月球探测工程分为"绕、落、回"三步走的战略步骤，基于我国现有能力，首先实施第一步"绕"，即月球探测一期绕月探测工程。

上海航天技术研究院作为中国航天科技集团（中国航天科技集团公司，2017年更名为中国航天科技集团有限公司）旗下的三大总体院之一，在月球探测工程启动之初，便积极参与总体方案论证工作。2001年5月，由上海航天技术研究院总体所牵头，联合院内各专业所，共同成立了"月球资源探测卫星系统方案论证组"。该论证组根据中国科学院完成的《我国月球资源探测卫星科学目标》研究报告以及上海航天技术研究院与中国科学院之间达成的合作意向，独立开展了我国第一颗月球资源探测卫星的技术与经济方案可行性论证工作。针对探月任务的特点，上海航天技术研究院充分发挥在星箭一体研发方面的优势，创造性地提出了利用自行研制的长征四号乙运载火箭，

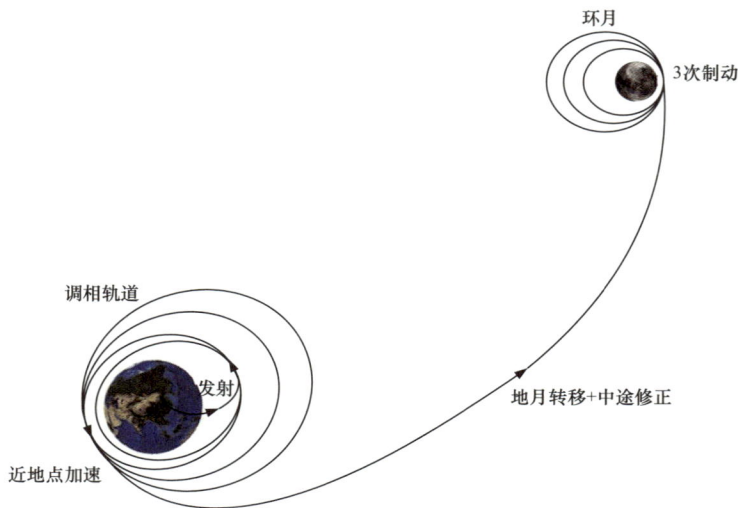

▲ 调相轨道方案示意

发射一颗 1100 千克左右的绕月探测卫星的方案。上海航天技术研究院还提出包括探测器产品研制、运载火箭研制、发射服务等方面的一揽子打包"交钥匙"方案。为了降低轨道控制风险，提高我国首次月球探测任务可靠性，上海航天技术研究院提出了"12-24-48"小时回归的调相轨道方案。同时，为提高首次月球探测的通信保障能力，还提出了基于天文台的 VLBI（Very Long Baseline Interferometry，甚长基线干涉仪）完成远距离测轨和科学数据下传接收任务的方案。

2001 年 12 月，中国航天科技集团正式肩负起领导月球资源探测卫星工程实施的重任，论证工作也随之统一由其部署。经过专家组多方论证，在兼顾工程可靠性的基础上，确定采用长征三号甲运载火箭，基于东方红三号卫星平台改进的探测器方案，采用调相奔月的总体方案。2004 年 1 月，国务院批准绕月探测工程立项，命名为嫦娥工程。2006 年 2 月，国务院发布《国家中

▲ 嫦娥一号探测卫星示意图（来源：探月与航天工程中心）

长期科学和技术发展规划纲要（2006—2020 年）》，明确将"载人航天与探月工程"列入国家 16 个重大科技专项之一，标志着中国探月征程的号角已经吹响。在探月一期工程中，上海航天技术研究院承担了部分单机产品的配套研制工作，这不仅是上海航天技术研究院探月之旅的起点，也是整个上海航天技术研究院在探月领域迈出的第一步，标志着上海航天技术研究院开始在这一领域有所追求、有所作为。

2007 年 10 月 24 日，嫦娥一号成功发射，并于同年 11 月 5 日进入环月轨道，成为我国首颗绕月卫星。在嫦娥一号环月探测期间，我们获得了当时具有国际先进水平的全月球影像图、精度和分辨率最高的全月球数字模型和三维月球地形图等一系列丰硕成果。这些成绩不仅彰显了中国航天的巨大成就，也进一步激发了上海航天人对月球探测的无限热情和坚定信念。

1.2. 落月巡天
——花开探月二期

在嫦娥一号任务分工尘埃落定后，上海航天人没有放弃追月梦想，而是用加倍的努力守望"嫦娥"，不离不弃。2004 年前后，上海航天技术研究院启动了探月二期任务论证工作，并提出了"两舱一车"的方案，即在环月轨道部署一个绕月探测器，同时着陆器携带月球车着陆到月面，开展月面固定探测和月球车巡视探测。此方案的亮点在于能够一次完成"绕""落""巡"，着陆器和巡视器可以相互支持，完成多种探测任务。后来的中国天问一号火星探测器、印度的月船二号月球探测器也采用了类似的策略。随着方案论证的深入与策略的迭代优化，上海航天技术研究院结合自身的业务优势，逐步将探月二期论证的重点聚焦于月球车的设计之上。

在当时，月球车的设计与制造无疑是热门且极具挑战性的任务。从 2004 年到 2008 年，国内有数十家科研单位和高校在开展月球车方案论证和样机研制工作，其中不乏中国空间技术研究院、上海航天技术研究院这样的航天领域国家队，也有中国北方车辆研究所这样的特种车辆领域佼佼者，以及哈尔滨工业大学、吉林大学、湖南大学等国内知名高校的新兴力量。月球车研制领域群雄逐鹿，各家单位积极创新，竞相角逐，都渴望为我国的探月工程贡献一己之力。

月球车虽小，却是一项复杂的系统工程，具有多领域、多学科相互交叉的技术特点。在上海市科学技术委员会等单位的大力支持下，上海航天技术研究院对探月工程二期工作给予高

▲ 上海航天技术研究院月球车外场试验

度重视，在院层面成立了探月工程项目办以强化协调和指导。同时，以总体所为核心，组建了新技术研究室，专门组织了一支科技人员队伍对月球车各项关键技术进行研究和攻关。这支队伍仅博士以上学历的就占到 30%，在当时可谓"豪华配置"。上海航天技术研究院发挥了长期进行型号总体研制的优势，同时依托多专业优势互补的协作网络，与有关单位携手开展总体方案论证、关键技术攻关和原理样机的研制工作。经过 4 年的不懈努力与潜心攻关，月球车研发团队率先取得了重大技术突破，并先后研制出了概念样机、原理样机、工程样机共 3 代样机。

2008 年 4 月 23 日，上海航天技术研究院在上海召开了月球车项目验收总结大会及新闻发布会，发布月球车研制工作取得重大进展，攻克了月球车总体设计、非结构化环境移动、自主导航与控制、月夜生存技术等多项关键技术。

2008 年 5 月，探月二期项目立项。正因为有了主动出击的精神，同时凭借已取得的重大技术突破，上海航天技术研究院成

▲ 上海航天技术研究院嫦娥三号试验队在西昌合影

功研制出月球车工程样机，并因此赢得了"玉兔号"月球车的多个关键分系统研制任务，包括移动分系统、结构与机构分系统、测控数传分系统、电源分系统、综合电子分系统的移动／机构控制与驱动组件，以及着陆器的一次电源分系统。这一成就标志着上海航天技术研究院在月球探测领域实现了"零"的突破。

经过5年的艰苦攻关和研制，2013年，上海航天人整装待发，前往西昌这座被誉为"月亮城"的发射场，执行嫦娥三号发射任务。2013年12月14日嫦娥三号成功登陆月球，次日23时着陆器和巡视器在月球表面顺利实现互拍，探月二期工程任务圆满成功。截至2014年1月16日，"玉兔号"在月面共行驶114.8米，并超期服役至2016年7月31日。

▲ "玉兔号"月球车月面英姿（来源：探月与航天工程中心）

1.3. 月背探秘

——再战嫦娥四号

　　月球背面，这片神秘的宁静之地，屏蔽了来自地球的电磁波及无线电信号干扰，为射电天文学提供了得天独厚的、纯净的观测环境。在这里进行低频射电天文观测，能够让我们更好地捕捉到宇宙诞生初期产生的电磁波，填补射电天文领域在低频观测段的空白。同时，它也为研究太阳、行星、太阳系外天体，以及恒星起源和星云演化提供了宝贵资料，具有重大的科学价值。月球背面地形复杂，既有高耸的山脊，也有深邃的大坑，其中月球背面南极的艾特肯盆地更是拥有太阳系内目前已知最大的环形山。这些特殊地理形态的形成机制，以及它们与月球和太阳系形成演

▲ "玉兔二号"月球车月面影像（来源：探月与航天工程中心）

化初期的关系，都亟待人类去探索。

美国虽在 20 世纪已实施了 6 次载人登月，却从没有登陆过月球背面。其他如苏联、欧洲（欧洲航天局）、印度以及中国（嫦娥三号着陆器及"玉兔号"月球车）等的相关探月活动均在月球正面进行。可以说，在嫦娥四号之前，人类航天器从未踏足过月球背面。

嫦娥四号是嫦娥三号任务的备份星。2015 年 8 月 20 日，嫦娥四号实施方案通过了中国国际工程咨询有限公司的评估。同年 11 月 30 日，国家国防科技工业局召开了探月工程重大专项领导小组第十四次会议，审议通过了探月工程嫦娥四号任务实施方案调整报告，批准了嫦娥四号任务组织实施，明确了嫦娥四号的目标是在月球背面软着陆和巡视探测，这标志着嫦娥四号工程研制工作正式启动。

2016 年 3 月 7 日，探月与航天工程中心下发了研制任务要求，

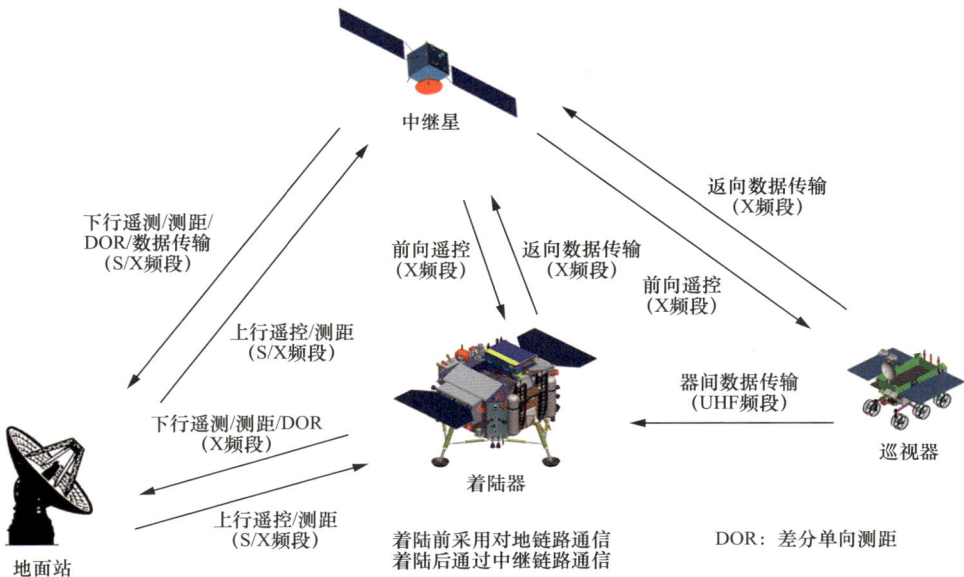

▲ 嫦娥四号任务通信链路示意

明确了嫦娥四号任务包括研制月球软着陆探测器（简称着陆器）、月面巡视探测器（简称巡视器）和地月拉格朗日 L2 点中继星（简称中继星），旨在完成月球背面着陆和巡视探测任务。嫦娥四号任务分为两次发射：第一次中继星单独发射后，进入地月拉格朗日 L2 平动点使命轨道；第二次发射着陆器和巡视器组合体，它们在中继星中继通信链路的支持下，在月球背面选定区域实施软着陆，着陆器开展原位探测，巡视器开展巡视勘察，并通过中继星将探测数据传回地面。

在嫦娥四号任务中，上海航天技术研究院承担了"玉兔二号"月球车、着陆器相关分系统的研制任务，同时，嫦娥四号中继星也是由上海航天技术研究院研制的长征四号丙运载火箭发射升空的。这款运载火箭是一枚 3 级常规液体推进剂运载火箭，也是长征系列运载火箭中承担搭载任务最多的运载火箭之一，因其高成功率，该火箭荣获"金牌火箭"称号。

2018 年 12 月 8 日，嫦娥四号月球探测器在西昌卫星发射中心成功发射升空，并成功着陆于月球背面南极-艾特肯盆地内的冯·卡门撞击坑内，实现人类首次在月球背面的软着陆，赢得了全世界的瞩目，开启了人类月球背面着陆与巡视探测的新篇章。在月面工作期间，在测控系统、地面应用系统和中继星的支持下，着陆器和巡视器开展了科学探测，实现了低频射电天文观测与研究、着陆区地质特征探测与研究等多项成果。

此外，嫦娥四号着陆器在月球上培育的第一株植物在经历了高真空、宽温差、强辐射等严峻环境考验后发出了嫩芽。着陆器生物科普试验载荷内搭载了棉花、油菜、土豆、拟南芥、酵母和果蝇共 6 种生物，它们构成了一个简单的微型生态系统。这是人类第一次在月面上做生物生长试验，以前科学家虽然在空间站以及其他航天器上做过多次生物生长试验，但在月球上还从未做过这样的尝试。这次生物生长试验为人类今后建立月球基地提供了研究基础和经验，具有重大意义。

2019年2月，国家航天局、中国科学院和国际天文学联合会联合向全世界发布嫦娥四号着陆区域月球地理实体命名公告，其中嫦娥四号着陆点被命名为"天河基地"，着陆点周围的3个环形坑分别被命名为织女、河鼓和天津。着陆点所在的冯·卡门撞击坑内的中央峰被命名为泰山。这是我国探月工程首次对月球实体进行命名，并得到国际天文组织的认可。

截至2024年9月4日，"玉兔二号"月球车已在月球背面正常工作近5年9个月，累计行走里程1608.779米，创造了月面月球车工作寿命的新纪录；"玉兔二号"月球车超期服役近5年半，后续将继续开展科学探测。

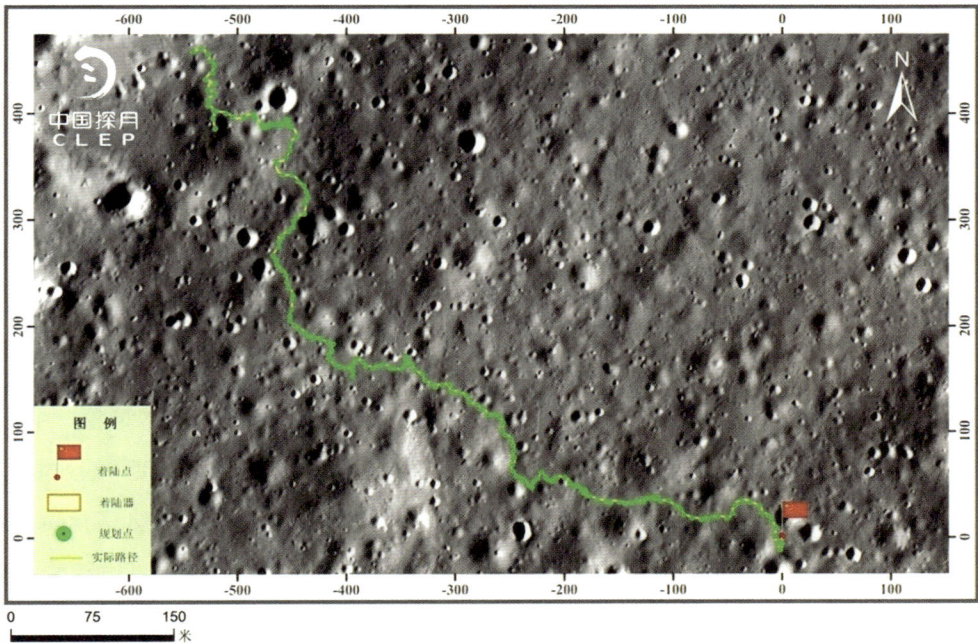

▲ "玉兔二号"月球车前44月昼行驶路线（来源：探月与航天工程中心）

1.4. 采样返回
——收获探月三期

从探月一期参与论证，到探月二期正式承担月球车与着陆器部分分系统任务，上海航天技术研究院对月球探测始终怀有责无旁贷的使命感。早在 2008 年探月二期工程论证阶段，探月论证团队便前瞻性地聚焦于探月三期总体任务，积极开展了前期论证工作。探月工程三期任务作为我国探月工程三步走战略"绕、落、回"中的最后一步，工程目标是实现月球样品自动采样返回。2008 年年初，论证团队向院领导汇报了论证思路，提出了"月球车背负上升器，移动采样，避免羽流污染，拓展采样区域"的方案，此思路虽未被最终采纳，但现在看来仍颇有创意。自 2009 年 4 月起，上海航天技术研究院先后参加了探月与航天工程中心组织召开的 8 次探月工程重大专项三期工程论证组全体会议和各层次的专题会，深化开展了探测器系统方案论证和关键技术攻关工作。

在探月工程三期总体论证过程中，上海航天技术研究院提出了"推进舱技术＋交会对接＋火箭三级飞行技术"的综合方案，旨在解决轨道器地月运输、上升器月面动力上升、轨返组合体和上升器在月球轨道上交会对接与样品转移等技术难题。中国空间技术研究院提出"两次发射任务，月球交会对接"的方案；中国运载火箭技术研究院提出"单次发射、上面级送入环月轨道、上升器直接进入月地返回"的方案。在总体方案论证过程中，3家单位优势互补，论证方案几经迭代，最终博采各家所长，在考虑工程可行性和经济性的基础上，兼顾为后续任务进行技术储备和验证，探月工程三期大总体方案最终确定为"一次发射，环月轨道交会对接"方案，明确嫦娥五号探测器系统由轨道器、着陆器、上升器、返回器 4 器组成。

嫦娥五号探测器系统大方案确定后，上海航天技术研究院充分发挥自身优势，在运载火箭、载人推进舱技术积淀的基础上，瞄准嫦娥五号探测器系统的轨道器、上升器以及轨返组合体与上升器之间的对接机构开展深化论证。

探月工程三期首次在月球轨道实施轨返组合体与上升器的无人交会对接，对接方案的论证显得尤为重要。中国空间技术研究院提出了"三指式"对接机构方案，而上海航天技术研究院提出的则是"抱爪式"对接机构方案。两家单位分别开展了交会仿真计算、对接与样品转移方案设计和对接动力学仿真等工作，以支撑和优化最终飞行方案。论证过程既需要创新，又十分烦琐。上海航天技术研究院论证团队在资料调研、不断学习的基础上，系统开展了任务分析、轨道计算、燃料预算、动力选型、动力学分析、关键技术识别等一系列工作。通过一次又一次的热烈讨论，一遍又一遍的头脑风暴，一夜又一夜的伏案工作，探测器系统中的上升器和轨道器在上海航天技术研究院论证团队的努力下，从功能描述逐步演化为示意框图，并最终形成详细的三维模型。在这一过程中，上海航天技术研究院团队一次次地抱着整箱刚打印完、仍散发热量的报告登上前往北京的动车，在住处连夜商讨第二天上会的方案是否完备，通过一轮轮的修改完善，上海航天技术研究院提出的"抱爪式"对接机构方案最终脱颖而出，得到各位专家的认可。

苍天不负辛勤人，激流勇进终有报。2010 年 2 月，中国航天科技集团确定由上海航天技术研究院负责轨道器总体和对接与样品转移机构的实施方案论证工作，并牵头组织相关关键技术攻关。2011 年年初，探月工程三期立项，上海航天技术研究院获得轨道器抓总研制任务，以及探测器系统分离机构、对接机构与样品转移分系统研制任务。其中，对接与样品转移机构需完成在万里之外的月球轨道上如穿针引线般精准的交会对接和样品转移任务，是"嫦娥飞天、月宫取宝"壮举中的关键设备。

自 2011 年 1 月开始，上海航天人踏上了长达 10 年的研制征途，开启了"九天揽月星河阔，十载春秋取样回"的壮美篇章。

嫦娥五号探测器的飞行过程十分复杂，需要经历运载发射、地月转移、近月制动、环月运行、月面着陆、月面工作、月面上升、交会对接、环月等待、月地转移、再入回收共 11 个飞行阶段。首先由长征五号运载火箭把 8.2 吨重的嫦娥五号探测器送入地月转移轨道。探测器与运载火箭分离后，经地月转移飞行和轨道修正，在近月点实施制动，进入环月圆轨道。在环月圆轨道，探测器一分为二，分为着上（着陆器与上升器）组合体与轨返（轨道器与返回器）组合体，其中轨返组合体继续环月飞行，而着上组合体软着陆于月面预定区域。着上组合体在月面完成样品采集与封装后，上升器以着陆器为发射平台，从月面点火起飞进入环月交会对接轨道。轨返组合体与上升器完成交会对接后，将月球样品从上升器转移至返回器内，随后轨返组合体再次与上升器分离。最后，轨返组合体进入月地转移轨道，在距地球一定高度处返回器从轨返组合体中分离。返回器采用半弹道跳跃再入方式进入大气层，并最终落至地面着陆场。在这一过程中，仅仅轨道器在轨运行期间就存在 4 器组合体、轨返组合体等 6 种舱段组合状态。在轨 23 天中，飞行环节环环相扣，任务如接力般向前推进，任何一环的失误都将导致月球样品无法取回。嫦娥五号任务共实现了中国航天史上 4 个首次，而每个首次都意味着前所未有的挑战，其中的每一步都称得上步步惊心。在任务执行过程中，嫦娥五号探测器中的轨道器、着陆器、上升器、返回器在各自的任务阶段都上演了精彩的剧目，完美完成任务，均达到了国内第一、国际领先的水平。

第1是首次实施月面自动采样，钻、铲两种"挖法"齐上阵。在为期2天的月面工作阶段，嫦娥五号着陆器只有1次采样机会，为确保采样成功，航天设计师精心设计了钻取和表取两种采样模式。为应对采样装置故障、月壤状况不确定、各类突发状况等诸多风险，设计师在地面模拟月面环境，进行了无数次模拟试验，反复调校机械臂，为成功采样打下坚实的基础。

第2是首次实现月面起飞上升，全靠嫦娥五号上升器"自己"完成。当完成月面工作后，月球样品就要"回家"了，但要实现将月面上的月壤带上环月轨道可并不容易。运载火箭在地面起飞是有一套复杂的系统和庞大的地面队伍提供保障和支撑的。月面起飞就完全不同，没有一马平川的起飞地，更没有成熟完备的发射系统。着陆器就相当于上升器的发射塔架，月球表面环境复杂，着陆器不一定是四平八稳的状态，这就给月面起飞带来更大的挑战。

第3是首次实现月球轨道交会对接，犹如"千里穿针，一气呵成"。虽然上升器实现了月面起飞上升，把月球样品从月面带上了月球轨道，但它携带的燃料不足以返回地球。这时候需要停留在环月轨道上的轨返组合体与上升器进行交会对接，把上升器携带的月壤通过样品转移机构转移至轨道器携带的返回器中。在38万千米外的月球轨道上进行无人交会对接和样品转移不仅在我国尚属首次，在人类航天史上也是首次。为此，从上升器进入环月飞行轨道开始，一直到轨返组合体与上升器完成对接与样品转移，设计师为嫦娥五号设计了交会、对接、样品转移、组合体运行、组合体分离等一系列关键动作。"这种国际上的新兴方案，在地面上已经进行了上千次的模拟，但其难度之大，仍如千里穿针，需一气呵成。"嫦娥五号轨道器总设计师（总师）查学雷感慨道。

第4是首次携带月壤高速再入返回地球时，返回器要在大气层中完成在太空打水漂动作。当返回器带着月壤，从38万千米外的月球风驰电掣般向地球飞来时，它的飞行速度接近11.2千米/秒的第二宇宙速度，而一般从近地轨道返回的航天器速度大多为7.9千米/秒的第一宇宙速度。为此，嫦娥五号探测器的设计师创新地提出了半弹道跳跃式再入返回技术方案，这就像在太空打水漂一样，整个再入返回过程就是让返回器先高速进入大气层，再借助大气层提供的升力跃出大气层，然后以第一宇宙速度扎入大气层并返回地面。

嫦娥五号一系列动作前所未有、惊心动魄，堪称太空探索"大片"。连得牢、分得开、抓得住、抱得紧、转得稳、轻如燕，轨道器携对接与样品转移机构，助力嫦娥五号任务圆满成功。从地球到月球，再从月球回到地球，在23天时间内，嫦娥五号完成

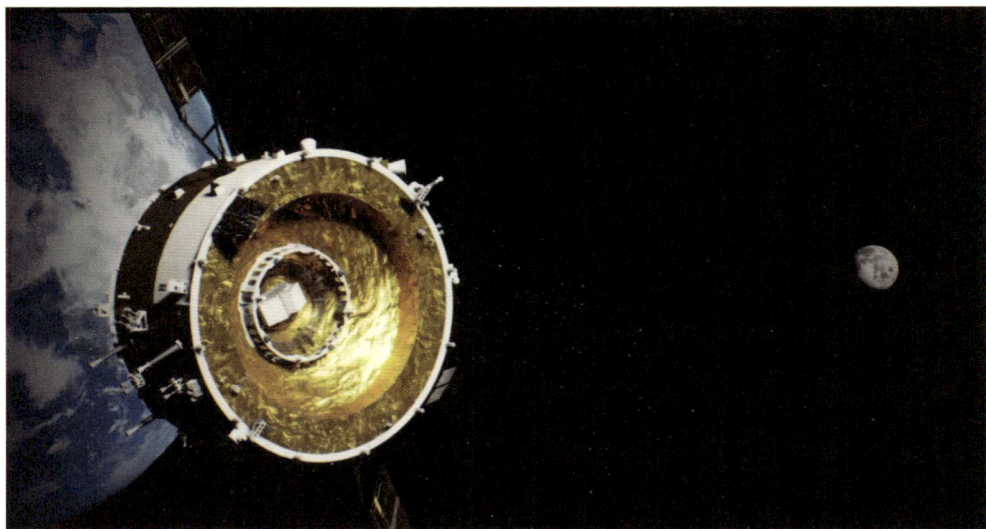

▲ 轨道器返回深空示意图

了一次对接、6 次分离、两种方式采样、一次样品转移，并成功取回约 1.731 千克月壤，这一壮举惊艳了全世界，赢得了广泛的赞誉。

2020 年 12 月 14 日，轨道器携返回器从月球返回，12 月 17 日，返回器成功着陆，表明探月工程三期嫦娥五号月球无人采样返回任务圆满成功，标志着我国探月工程三步走战略圆满收官。随着探月工程三期的圆满落幕，完成既定任务的轨道器并未停下脚步，而是继续向太空进发，开展新的探索任务。

第 2 章
CHAPTER 2

巧思泉涌，妙策破关
——方案攻坚

探月工程三期嫦娥五号探测器作为中国探月工程的第三步"回"，其核心任务就是取样返回。中国的无人采样返回任务应如何实施？美国阿波罗计划是载人登月，其任务规模与无人探月有着本质的不同，而苏联的月球16号、20号、24号则采用着陆器携带上升器着陆月球并完成采样，随后由上升器携带样品从月面起飞并返回地球的方式。有人建议中国效仿苏联当年的方案进行无人采样返回，但大多数参与论证的设计师都希望在新时代应有新的技术突破。

在"既要创新，又要可行"的原则下，探月工程三期嫦娥五号任务论证逐步推进，方案日渐明晰。至2009年7月，嫦娥五号任务论证组先后召开了4次全体会议和10多次专题讨论会，最终决定抛弃创新性不足的直接返回方案和经济性欠佳的两次发射方案，采用一次发射并进行月球轨道交会对接的方案框架，以此为基础开展后续的关键技术研究。

至此，中国无人月球采样返回方式得到确定——月球轨道交会对接和样品转移任务落地，这是一项具有前瞻性的战略决策。增加月球轨道交会对接环节，不仅可以大幅度提高任务的灵活性，进而显著提高探测器方案的可行性，确保月面采样量，还能为后续载人登月任务提供关键技术验证。

尽管这个方案兼顾了创新性和可行性，但是在当时的技术条件下，为了实现采样返回，嫦娥五号仍需在嫦娥三号月面软着陆的基础上实现多项技术突破，包括月面表取与钻取采样技术，月球样品封装技术，月面起飞技术，月球轨道交会对接技术，样品转移技术，在轨多次分离技术以及高精度轨道测量和控制技术等，这使得嫦娥五号工程设计方案极为复杂。

中国航天科技集团总工程师、探月工程三期副总设计师孙为钢介绍说，之所以要选择这一相对复杂的工程方案，是因为若以此为基础进一步提升运载能力与探测器规模，并增加生命保障系统，提高产品的安全性和可靠性，我国将具备载人登月的能力。换言之，难度越大，我们的收获也将更为丰厚。

对于轨道器研制团队而言，如何将探月三期工程中的轨道器任务从纸面上的报告转变为实物是首要任务。虽然总体方案论证可以靠只有五六个人的小团队承担，但工程实施需要成百上千人的共同努力。大到一个结构框架，小到一颗螺丝钉，都需要一道道工序制造，一次次检验确保质量。为此，研制团队将轨道器划分为 12 个分系统，包括结构分系统、太阳翼与机构分系统、分离机构分系统、综合电子分系统、电源分系统、总体电路分系统、测控数传分系统、工程图像与测量分系统、热控分系统、对接机构与样品转移分系统、推进分系统、GNC（Guidance, Navigation and Control，制导、导航与控制）分系统；同时设立 5 个总体专业，包括总体设计、总装、综合测试、软件以及可靠性。

相应地也依据型号设置了结构分系统研制团队、太阳翼与机构分系统研制团队、分离机构分系统研制团队、综合电子分系统研制团队、电源分系统研制团队、总体电路分系统研制团队、测控数传分系统研制团队、工程图像与测量分系统研制团队、热控分系统研制团队、对接机构与样品转移分系统研制团队、推进分系统研制团队、GNC 分系统研制团队，以及总体研制团队、总装研制团队、综合测试团队、软件研制团队、可靠性设计团队等团队。在前期论证团队做了大量工作的基础上，一群朝气蓬勃的年轻人加入轨道器研制团队中。轨道器研制初期，5 个总体专业和各分系统研制团队骨干共计 108 人，被誉为"108 将"。

航天型号研制和一般工程研制相似，讲究循序渐进，每个阶段皆有侧重。型号研制初期定义为方案阶段，此阶段需要识别难点，关注重点，挑出方案中技术难度最大，直接影响任务成败和整器性能的部分，开展专项研究，业内称之为关键技术攻关。轨道器研制团队针对前期历次论证过程中专家提出的意见，识别出 5 项关键技术，即轨道器总体技术、结构轻量化技术、对接与样品转移技术、高精度高可靠分离技术以及分布式综合电子技术。轨道器扬帆星海的第一步，便是集中核心力量对这 5 项关键技术进行攻关。

▲ 嫦娥五号轨道器方案设计评审

2.1. 源于糖葫芦和"套娃"的灵感
——总体团队的童心未泯

俗话说，万事开头难。2011 年轨道器方案设计起步阶段，轨道器总体副主任设计师袁勇就深刻体会到"开头难"的含义。

本以为经过先期两年的论证，总体研制团队对于轨道器的工程实施已经有了一定把握，没想到工程立项之初，仅仅是轨道器的构型设计，就让袁勇与他的研制团队陷入了困境。时间悄然流逝，轨道器到底长什么样子，却始终未能确定。

轨道器总体构型设计难在于其"三多"特点，轨道器与探测器系统其他3器在轨有5次分离、6种组合体状态、19种飞行姿态，简而言之，就是飞行状态多、器间接口多、工作模式多。

袁勇带领总体研制团队广泛调研了国外深空航天器的设计，同时结合国内载人飞船、卫星等成熟平台的设计，绘制了数十种构型，这些方案各有千秋，但都不能完美解决轨道器的"三多"问题。总体研制团队多次召开构型讨论会，尽管讨论热烈，却仍难以找到突破口。会后，袁勇沿着马路慢慢走回住处，途中偶遇一个卖糖葫芦的小摊，童心未泯的他买了一串，边吃边思考着构型方案。看着糖葫芦上吃剩下的4个裹着厚厚糖衣的山里红球，袁勇突然眼前一亮，心中默念："4个山里红球用一根竹签串起，不正像多个舱段串联吗？"长久的论证历程，十几种构型方案清晰又模糊，最终化成了眼前的这串糖葫芦，串行、分舱级抛等关键词渐渐清晰起来，袁勇来不及吃完糖葫芦，迫不及待地拨通了团队成员的电话。两周后，分舱串联的"糖葫芦"式构型方案正式出炉：即用特定的舱段完成特定的任务，任务完成后将舱段抛弃，降低结构重量，从而最大限度降低燃料消耗，提高推进效率，提升运输能力。"糖葫芦"式构型方案将轨道器分为推进仪器舱、支撑舱和对接舱三大舱段，支撑舱完成对着上组合体的承载任务，实现着上组合体向轨道器本体的传力，在完成承载任务后，轨道器将支撑舱分离；对接舱上安装对接与样品转移相关设备，在对接与样品转移任务完成后，将对接舱与上升器组合体一同分离。

然而，如果把4个器穿成一串"糖葫芦"，探测器将显得过长，导致探测器整器刚度降低，舱体会变得疲软，一点点振动都可能引发整个构型的振动。一天下午，总体研制团队正在讨论着美国和苏联月球探测器的方案，这时有人笑谈道："俄罗斯除了伏特加，还有超级甜的糖果和好玩的套娃。"说着，他还从办公室抽屉里拿出一套珍藏的精致套娃。大家从紧张的头脑风暴中暂时放松下来，一起玩赏套娃。就在这时，灵感闪现。大家从俄罗斯传统玩具"套娃"中找到灵感，将"糖葫芦"中的一节——返回器——套入轨道器"腹中"，大大降低了探测器的总高，形成一套切实可行的构型方案。

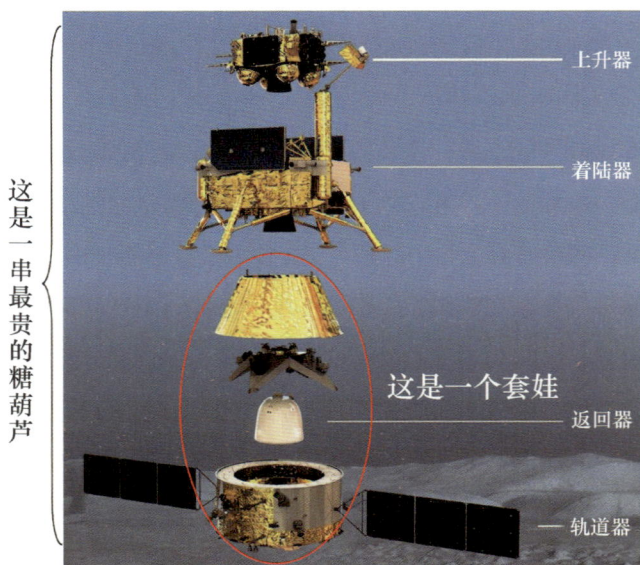

▲ 嫦娥五号探测器构型

在这套构型下，发射初始，探测器呈现为 4 器总体构型，此时轨道器需要承载探测器全部约 8.2 吨的重量。在发射段的加速过程以及月球轨道附近的"刹车"减速过程中，任凭这个庞然大物如何挤压、拉扯或者扭转，轨道器都能凭借稳定的传力路径设计和结构的强度、刚度设计，安全稳定地将整个探测器推到环月轨道。抵达环月轨道后，轨道器将着上组合体分离出去，携带返回器留在环月轨道等待上升器从月面起飞，形成两器（含支撑舱）构型。随后轨道器抛掉支撑舱，露出里面的对接舱，准备与上升器对接，形成两器（不含支撑舱）构型。轨返组合体与上升器对接后，通过对接机构紧紧抓住上升器，形成 3 器构型，在这种构型下，轨道器需要通过样品转移机构将上升器的样品容器转移至轨道器"腹中"的返回器内。随即，轨道器需要将对接舱与上升器组合体一并分离，将返回器暴露在太空中，重新形成两器（无对接舱）构型。轨道器携带返回器加速离开月球引力范围，回到地球附近时，轨道器释放返回器，独自飞行，形成轨道器单器状态。每个飞行状态下轨道器各部件的承载、质心配置、飞行姿态、天线指向均有所不同，必须通过精心设计，确保各种构型相互协调。

在探测器大体构型确定后，研制团队针对轨道器主承力舱段——推进仪器舱，进行了方案比选。飞行器常用的主承力结构主要有箱板式、中心承力筒、杆系和外承力筒及几种形式的混合结构。其中，箱板式结构主要适用于中小型飞行器。根据轨道器的任务和规模，研制团队主要对中心承力筒、杆系和外承力筒这3 种典型结构进行了分析。

中心承力筒是位于航天器中央的筒形结构，可以是圆柱形状或圆柱与圆锥的组合形状，位于卫星结构的中央，承受航天器的主要载荷。虽然其开敞性相对较差，但工艺成熟，可继承性强，风云系列卫星等均有应用。

杆系结构是由一定数目和配置方向的杆件连接后形成某种杆系结构组成的整体构型，也是常见的航天器主承力结构。空间杆系结构的优势在于重量轻、刚度和强度大，通常情况下适用于空间站非密封舱、空间雷达卫星、空间相机等结构。其缺点是抗扭转性能差，装配工艺复杂。

外承力筒结构的特点是将探测器的主要设备和系统布局在承力筒内部，其优点在于承载能力大、刚度高。结构的刚度与面积成正比，重量和尺寸成正比，承力筒刚度的优势可以得到最大限度的发挥，因此外承力筒能够在重量增加不多的情况下，显著提高刚度。外承力筒结构多用于大型航天器，如空间站、重型卫星、运载火箭等。

通过对上述三大类 10 余种航天器典型构型的一轮轮比较和筛选，研制团队选择了技术继承性好、承载能力强的外承力筒 + 承力球冠技术方向。经过细化设计，确定了外承力筒、贮箱平铺下探、双太阳翼的构型设计方案。有趣的是，在论证过程中形成的贮箱内嵌仪器舱内置方案，虽然最终被认为不适用于轨道器，但是后续成为其他型号的构型，换了一个战场继续为航天贡献力量。

▲ 轨返组合体在轨构型

在确定外承力筒方案后，精益求精的总体研制团队在承力筒的两种尺寸上犯了难。承力筒向上承受探测器重量，向下连接运载火箭，其尺寸既要满足承载能力需求，又要考虑与运载火箭的接口尺寸。长征五号运载火箭研制之初，为统筹与载人飞船的接口，采用直径为 2.8 米的器箭接口，但是这个尺寸的承力筒对于嫦娥五号探测器来说，质心相对较高，力学响应略差。只有将直径为 2.8 米的承力筒压成直径为 3 米左右的"矮胖子"，才能降低探测器质心，改善力学响应条件。最终，经探测器、轨道器以及运载火箭三方多次协调，以确保探测器安全为目标，确定采用直径为 3.1 米的承力筒作为轨道器主构型，这也使得该接口成为长征五号火箭的标准接口之一。

众里寻他千百度，蓦然回首，那最佳构型竟在"童心"处。

2.2. "鸡蛋壳上挂秤砣"的巧妙设计
——结构团队的极限挑战

根据嫦娥五号探测器系统总体任务及构型方案，轨道器需要外部连接并承载约 4 吨重的着上组合体，内部安装并承载 300 多千克的返回器以及约 3 吨重的推进剂贮箱等大质量载荷，此外还需为交会敏感设备和对接与样品转移机构提供安装承载和可分离结构。按照任务要求，轨道器结构需要提供探测器 6 次分离中的 5 个分离面及接口，接口数量多，层级状态复杂，分离面数量远超其他航天器，在国际上也实属罕见。

尽管在探测器任务中要求轨道器结构尽可能负重，但是对其自身重量却要求尽可能轻。对于探月工程来说，结构轻量化，俗称"减肥"，是系统的硬指标，没有半点商量余地。探月工程探测器设计要求"克克计较"，整体减重幅度前所未有。结构如同轨道器的"筋骨"，唯有筋骨强壮了，轨道器方能承受漫漫旅途中的各种加速和冲击，顺利完成各项任务。结构分系统也是轨道器中最重的分系统，只有结构"减肥"成功，整个轨道器方能达到减重目标，从而保证发射重量不超过长征五号火箭运载能力极限。重量轻与强度大，这一对看似矛盾的指标，给设计师带来了极大的挑战。但事实便是如此，作为体量最大的轨道器结构分系统，设计和轻量化工作成效关系到整个任务能否顺利开展，必须做到一身铮铮铁骨，却又身轻如燕；既要能扛，又要能装，还要足够轻盈，宛如一位全能运动员，跑跳跨投，无所不能，以优秀的竞技状态所向披靡。对于总体所的结构团队来讲，航天器舱体结构的设计并不陌生，多年来他们成功研制了我国载人飞船、天宫实验室、货运飞船等型号的推进舱以及资源舱结构，并通过历次飞行验证，表现优异，在载人航天领域，可称得上"推进舱结构专业户"。

传统运输器结构通常采用桁、框、蒙皮组成的半硬壳铆接结构，结构材料普遍选用铝合金。随着论证工作的深入，王勇、雷磊和陈佳等设计师组成的轨道器结构分系统研制团队发现，传统的金属铆接舱段结构方案的重量难以满足探测器总体"克克计较"的指标要求，必须采用结构轻量化设计技术。在轨道器设计中，整体构型、结构类型和结构基频等设计方案的选取影响极大，稍有不慎便可能导致整体方案的颠覆。为此，轨道器结构分系统主任设计师王勇带领研制团队在设计初始就跳出结构分系统中部件设计的局限性，放眼大局，直接联合轨道器总体、总装人员，从总体布局、结构构型、结构形式和结构材料几个方面的设计入手，结合先进结构技术和先进复合材料的最新成果，从源头开始，一手抓结构设计，一手抓减重，边设计边优化。轨道器结构分系统研制团队先后提出了10余种设计方案，包括外承力筒、内承力筒和桁架结构等形式，结构材料

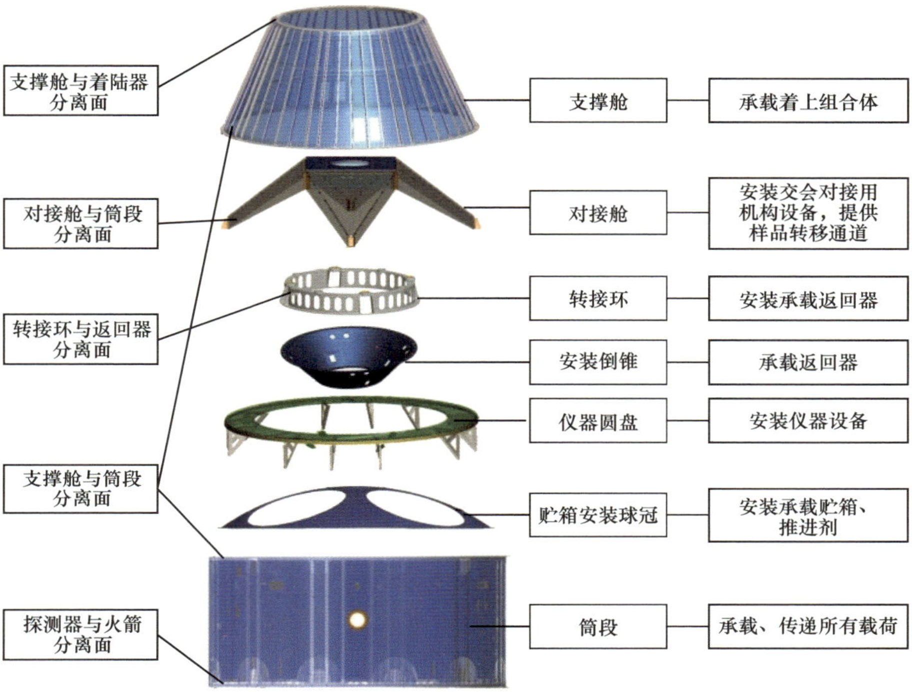
支撑舱与着陆器
分离面
对接舱与筒段
分离面
转接环与返回器
分离面
支撑舱与筒段
分离面
探测器与火箭
分离面
支撑舱
承载着上组合体
对接舱
安装交会对接用
机构设备，提供
样品转移通道
转接环
安装承载返回器
安装倒锥
承载返回器
仪器圆盘
安装仪器设备
贮箱安装球冠
安装承载贮箱、
推进剂
筒段
承载、传递所有载荷

▲ 轨道器结构形式

有金属材料、碳纤维材料和蜂窝夹层材料等，真正做到了“新方案能做的都做、新材料能用的都用”。

经过反复修改、迭代，最终将轨道器分为推进仪器舱、对接舱和支撑舱三大舱段。其中推进仪器舱的仪器舱部分为轨道器主承载结构，采用蜂窝夹层结构的外承力筒，以实现大承载、高刚度和轻量化；推进仪器舱的推进舱部分采用球冠方案，并与十字隔板、倒锥等结构连接形成有机整体，实现贮箱和返回器的安装承载，通过这种高效率的结构大幅减轻了系统重量。支撑舱作为轨道器与着陆器之间的过渡舱段，采用锥台形构型。对接舱则作为交会对接的专用舱段，安装对接与样品转移机构和多台不同类型的交会对接敏感器，实现在月球轨道上对上升器的“浪漫一抱”。

大方向确定后，轨道器结构分系统研制团队立即着手解决大方案中的每一个细节设计，要在相互制约或耦合的各种参数的要求中确定一个最合适的结果，这需要集体的智慧和魄力。结构分系统研制团队在方案研制阶段就真正把方案论足、论透、论细，为后续研制的顺利开展打好了强大基础，也为如何从无到有地开展型号的构型方案论证起到了很好的示范作用。

　　第一个要解决的问题，就是如何让球冠承载又大又重的贮箱。根据探测器任务和结构构型要求，推进贮箱主承力结构需在直径为 3 米的推进仪器舱的空间内，实现 4 个直径为 1 米贮箱的并列平铺布局，并为返回器安装结构提供布局空间和接口。同时，推进贮箱主承力结构直径尺寸跨度超过 3 米，同时需为约 3 吨推进贮箱和约 330 千克的返回器提供安装接口和有效支撑，并承受最高达 30 吨的载荷。可以说，嫦娥五号轨道器推进主承力结构具有尺寸跨度大、承载要求高、布局空间紧张等特点。国内外航天器推进模块典型的主承力结构主要有卫星常用的蜂窝夹层平板、神舟飞船推进舱承力锥等。蜂窝夹层平板结构对于大质量贮箱的安装承载效率不高，整体重量无法满足轨道器轻量化要求；神舟飞船推进舱承力锥结构则是将贮箱内嵌在一个锥台的锥面上，导致贮箱整体布局高度较高，挤占了轨道器内部空间，无法兼顾返回器和其他设备的安装、承载。轨道器结构分系统必须提出一种全新的贮箱承载安装结构设计方案，以满足各项要求。

　　在一筹莫展之时，轨道器结构分系统主任设计师王勇在某型号产品上发现其推进贮箱被内嵌安装在等厚度碳纤维球底结构上，当即联想到类似的结构或许可以应用在轨道器上。经过讨论，轨道器总体设计师认为轨道器贮箱直径较大，安装在球冠底部后，贮箱底部超出了轨道器与运载火箭的分离面，与运载舱段之间的间隙较小，存在较大的分离安全风险。这可是一票否决项，球底方案设计似乎走入了死胡同。总体研制团队和结构分系统研制团队针对构型论证开展了头脑风暴，毛国斌和王勇等设计师在对结构装配模型进行分析时，突然想到，既然球底向下突出的方案不可行，那么不妨将其改为向上突出的球冠。想到这一点，他们立刻着手设计球冠方案，结果发现这种球冠构型可以大幅减少贮箱下探带来的分离碰撞风险，同时不影响推进仪器舱内其他设备安装，完全满足设计要求。

球冠设计可以说是妙手偶得，但是解决了布局问题，还要解决重量问题。为了减重，王勇从一开始就决定放弃使用传统金属材料，而是采用轻量级的复合材料，最终结构分系统研制团队提出了复合材料承力球冠的创新方案。全复合材料一体成型球冠方案属于国内首创，难度极大。为了实现这个方案，结构分系统研制团队攻克了球冠"穹顶式"构型设计、结构一体化插层设计、变厚度铺层低缺陷控制等技术难点，在保证产品质量的同时，大幅提升了球冠的强度，成为轨道器最具代表性的技术攻关项目之一。

球冠方案设计完成了，但上海航天技术研究院自成立以来从未有过此类大型球冠结构的研制经验，两总（轨道器总指挥和总设计师）从风险控制的角度提出了几点顾虑：一是这个设计方案太超前，尚不知研制水平和生产工艺能否匹配；二是同行业专家认为该设计方案可能导致产品在生产中产生缺陷。面对质疑，结构分系统研制团队没有退缩，而是认为更加有必要努力消除行业专家和两总的担心和顾虑，以保住球冠这个来之不易的创新设计方案。他们一方面投产了大量试验件来验证这个方案，另一方面邀请第三方进行复核复算，以确保设计与仿真结论的正确性。经过大家的努力，试验和仿真结果证明了方案的正确性，消除了各方面的顾虑，同时证明了球冠的设计质量没有问题，是有保障的。这让结构分系统研制团队信心大增。

最终，轨道器球冠方案在实现直径为 3 米跨度的前提下，以 4 毫米的主结构厚度和 46 千克的结构重量，实现了 4 个直径为 1 米的大容量贮箱安装和 30 吨的力学承载指标，其性能达到了国内领先水平，被研制团队骄傲地称为"鸡蛋壳上挂秤砣"的设计。

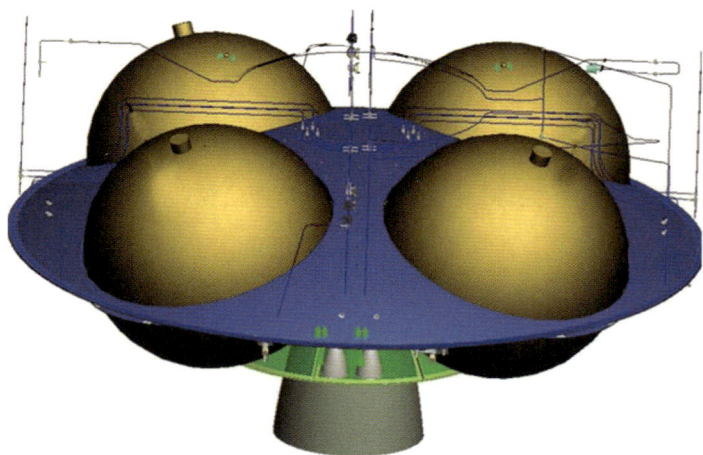

▲ 轨道器承力球冠方案设计示意

轨道器的主体——推进仪器舱的外承力筒构型，作为主体结构的筒段，上面需要顶住着陆器，下面需要跟运载火箭紧固连接，"腹中"还有通过"鸡蛋壳"连接的 4 个"大秤砣"以及返回器，是整个探测器尺寸最大、承载最高、接口最复杂的结构部件。怎样才能把这个圆柱筒做得既轻薄又硬朗？结构分系统研制团队连续攻克了薄蒙皮蜂窝夹层筒段结构集中力扩散设计、大型蜂窝夹层筒段超薄蒙皮无损伤胶接固化成型、大型复杂高精度薄壁框环结构整体加工等技术和工艺难点。最终，轨道器筒段方案在实现直径超 3 米构型尺寸的前提下，以近 160

千克的重量实现了不低于 87.15 吨承载能力的效果，可谓"高硬度纸皮核桃"。

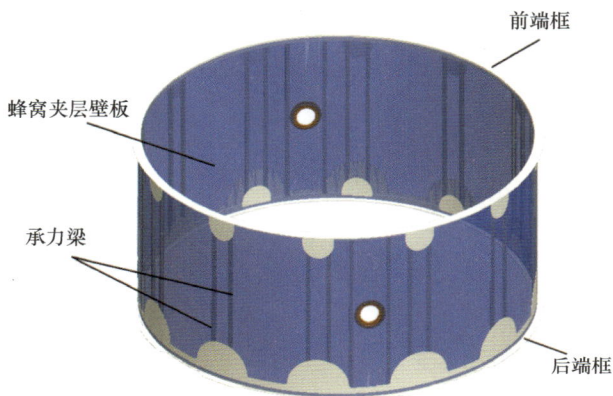

▲ 轨道器外承力筒构型

在实现了"鸡蛋壳上挂秤砣"以及"高硬度纸皮核桃"设计后，结构分系统研制团队来不及庆祝，又马不停蹄地对对接舱进行优化设计。对接舱承载重量最轻，但是结构外形尺寸大，舱体跨度同样达到 3 米；而且其上的交会对接相关设备，尤其是对接机构，担负着探月三期工程最重要的任务之一——交会对接与样品转移，对于舱体的稳定性和精度要求极高，这些对舱体减重和精度保证带来了极大的挑战。于是，大家继续创新，提出了一种复合材料蜂窝夹层异形空间盒型舱段结构，攻克了大跨度设备安装结构的减重和高稳定性设计、大型舱体结构装配质量控制等技术难点，实现了既满足高精度高稳定安装承载，又具备月壤样品转移后抛离的能力，保障了上升器和轨道器在月球轨道交会对接和样品转移通道的基础精度，为在月球轨道上的对接和样品转移打下了坚实的基础。在嫦娥五号对接成功后，对接与样品转移机构可谓光芒四射，可是很少有人知道，对接舱也是这次成功的隐形功臣。

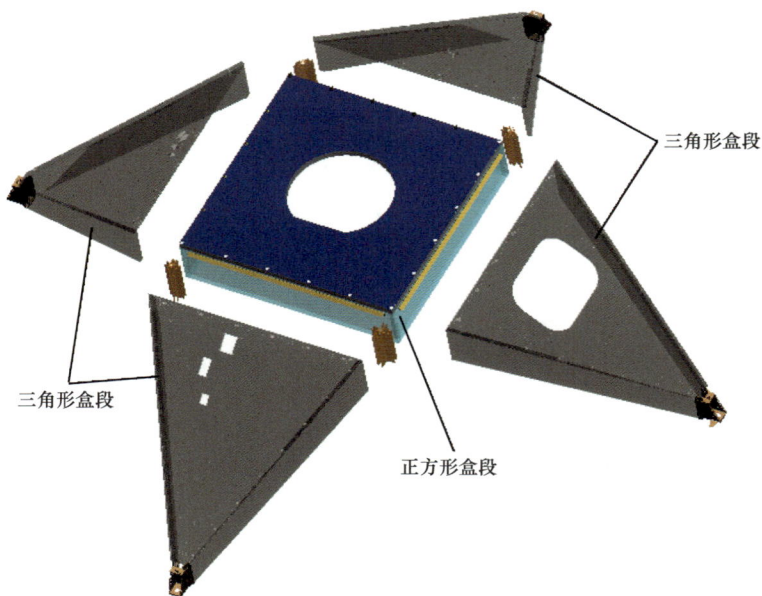

三角形盒段

三角形盒段

正方形盒段

▲ 轨道器对接舱构型

2.3. "抱爪式"的面面俱到
——对接机构的完美抓捕

  苏联在研制异体同构周边式对接机构的过程中，不断迭代优化设计，用了 20 年时间，终于打造出虽复杂却综合性能较优的空间对接机构。该机构能够满足 2 ~ 100 吨航天器之间的对接需求，同时拥有畅通的中心通道，便于载人航天任务中航天员的通过。中国载人飞船对接机构的研制，瞄准了国际顶尖水平，实现了跨越式发展。中国首个对接机构就采用了当时技术最先进也最复杂的异体同构周边式对接机构方案。经过上海航天技术研究院 14 年的不懈努力，我国在神舟八号与天宫一号对接任务中首次使用的对接机构成功定型。

嫦娥五号论证之初，轨道器对接机构论证组只有 3 个人。经过深入的分析与论证，论证组遗憾地发现载人飞船的对接机构并不能满足嫦娥五号的使用要求。神舟载人飞船和天宫空间实验室的重量约为 8 吨，用于两个航天器的对接机构重量均为百千克量级，但在嫦娥五号任务中，两个航天器在对接时的重量不到神舟飞船的 1/4，在嫦娥五号这么"轻"的探测器上使用百千克量级的对接机构显然不合适。此外，二者的使用条件也不同，载人飞船与天宫实验室重量相当，而将在月球轨道上开展交会对接的轨道器与上升器的重量比接近 5:1，犹如大船与快艇对接，稍有不慎，快艇便可能被"撞"飞。如何使对接机构快速稳定地"抓住"快艇，也是现有对接机构无法解决的问题。

起初，论证组的第一想法是继承现有的对接机构，开展轻量化设计。简单讲就是进行缩比设计，需要将载人飞船的对接机构重量减少到原来的 1/6，但方案的技术风险极高。动力学专家指出，从动力学分析结果看，该方案无法实现两个重量悬殊的航天器对接。因此，论证组能否找到另一种新型的轻小型对接机构，成为嫦娥五号能否采用月球轨道交会对接方案的关键问题之一，并在系统论证初期就被列为关键技术。

结合卫星在轨服务任务中的轻小型对接机构预先研究基础，以及日本试验卫星七号和美国轨道快车在轨服务演示试验中轻小型航天器对接技术的经验，论证组逐渐将目光聚焦到周边式抱爪方案和中心式三指方案。两种方案的出发点都是希望在轻小化且能完成对接的基础上，能更好地实现样品转移。周边式抱爪方案提出让出中心通道作为样品容器从上升器到返回器的转移通道；而中心式三指方案则设计为对接即转移完成，样品装在被动对接机构内，直接拉回返回器即可。两种方案在对接功能上均可行，论证组随即开始征集其他相关分系统的意见。

着陆器月面采样封装分系统主任设计师认为将样品装入被动对接机构内的中心式三指方案难度极大，因为被动对接机构本身形状复杂，留给封装样品的空间离散且狭小，无论是装入样品还是封装样品都有难度。周边式抱抓方案则可实现样品容器与被动对接机构解耦，样品容器可以设计成形状简单且容积更大的圆柱体。

　　返回器的设计师表达了他们的意见，返回器的重量和空间均非常紧张，只能够携带样品容器回到地面，完全不能在返回器上增加几十千克的对接机构重量。在此约束下，周边式抱抓对接机构方案可以仅将样品容器送入返回器而对接机构本身不进入返回器，更受到返回器设计师的青睐。

　　经过一年的论证，至 2010 年 3 月，论证组最终确定优选周边式抱爪方案，具体采用分布式抱爪设计来实现。该设计不仅具备周边式构型的优点，还通过分布式驱动的设计，极大地降低了对接机构的重量和纵向的包络尺寸，通过捕获、校正缓冲、锁紧和分离等多个功能的一体化设计，不仅满足了复杂的对接任务需求，还将对接机构的重量降低至探测器可接受的程度，成为探测器总体方案可行的关键环节。抱爪式对接机构本身也具备分离功能，可在需要的时候实现两个航天器的安全分离和多次对接，最终，由于嫦娥五号任务的执行过程非常顺利，并没有用到该备份分离功能。

　　2011 年年初，傅丽佳、刘洲等多位设计师正式加入，为研制团队注入了新鲜血液。专业齐备，人员齐全的对接机构与样品转移分系统研制团队初具雏形。

　　当对接机构与样品转移分系统研制团队通过持续迭代和辛勤工作，完成抱爪式对接机构方案的详细设计及图纸绘制，准备投产方案产品之时，一个突如其来的变数打乱了大家的节奏。探测器总体突然提出将对接机构的对接初始条件指标进行调整，即将对接机构的容差要求提高了两倍多。探测器总体认为，交会对接任务太关键了，必须把对接捕获能力做得更强一些，要求对接机构能在更大范围内完成对上升器的捕获与对接，让任务执行更加可靠。对于对接机构来说，捕获能力和几何尺寸的对应关系显而易见，容错能力增加，那就必须将抱爪做大。本来作为关键技术攻关的对接机构在设计、投产等研制环节是走在探测器研制的前头的，但这一变化推翻了之前的很多工作，研制团队需要重新开始设计，因此大量的计算、仿真分析和建模工作需要重新再做一遍。在满足技术指标要求的同时，还需要把进度赶上来，但为了保证嫦娥五号任务的圆满成功，这些都是必要的和值得的。小抱爪变为大抱爪，很多人认为只要把爪子做大就可以了，其实不然。指标的放大绝不是对接机构的等比例放大，这对对接机构的布局、载荷以及传动链设计都有着重大的影响。

研制团队在进行大抱爪方案设计时碰到的第一个问题就是由于尺寸失配，在抱爪收紧过程中会出现卡滞，会导致对接失败。有设计师提出增加小连杆辅助锁紧，但运动环节增加，会影响机构动作的可靠性，也会影响对接完成后的分离动作。就在大家一筹莫展的时候，抱爪驱动机构的主管设计师刘洲想出了一个特别简单的办法——修改并优化锁爪的形状，这样锁柄就不会卡滞。解决了这个问题，大家还没好好喘口气，另一个问题又来了，计算发现驱动机构的输出能力不够，真是"一波未平，一波又起"。为了提高输出能力，在电机设计能力不变的情况下，只能推翻原有的传动链设计方案，重新选用高效率的新型传动方式。为此，傅丽佳提出了用高效的行星齿轮传递加单向传动机构自锁的方案，代替原来低效率的自锁型蜗轮蜗杆传动方案。传动链的间隙会影响定位精度，为了实现抱爪在锁定位置保持的功能，在包络

▲ 轨返组合体与上升器在环月轨道对接

尺寸严格受限的空间内，傅丽佳反复调整传动链参数，在既有传动比要求，又有结构包络尺寸限制的情况下，最终非常精巧地完成了抱爪式驱动机构的布局和设计，满足了产品的性能指标和外形尺寸要求。

经过对接机构与样品转移分系统研制团队一个多月的不懈努力与反复探索，一种基于偏心驱动的"大"抱爪式对接机构终于诞生了，满足了探测器总体提出的所有指标要求。正是这一"大"抱爪式对接机构，最终于 2020 年 12 月 6 日，在 38 万千米之外的环月轨道上上演了一场精彩绝伦的太空对接，为取回月壤做出了重要贡献。

2.4. 仿尺蠖爬行的神来之笔
——样品转移设计中的仿生学

样品转移是在对接完成后，将上升器中的样品容器，通过由对接机构形成的转移通道，转移到轨道器"腹中"的返回器里。在前期论证过程中，转移机构并没有被特别关注，大家普遍认为这不是什么难事。然而在苛刻的重量和包络尺寸限制下，其设计难度显著增加。在月球轨道上自动转移样品容器的任务在国际上尚属首次，因此国内外均无相关的飞行经验或研究资料可供设计参考。

　　探测器的对接完成并不意味着任务成功，样品能否顺利转移至返回器中仍是整个复杂任务流程的一个关键环节。若样品无法顺利转移，将导致探测器的采样任务失败。抱爪式对接机构的中心通道为样品容器提供了一条最高效的转移路径，因此转移机构和对接机构一体化设计成为最佳选择。然而，这种集成设计对转移机构的包络尺寸和工作空间提出了严苛的要求，转移机构只能在对接机构形成的中心通道和样品容器之间的环形包络空间开展设计，增加了转移机构的研制难度。如何在极其有限的空间内完成长距离样品自动转移操作，还要保证任务的高可靠性，这对对接机构与样品转移分系统研制团队来说又是一个全新的挑战。他们从一开始就认识到转移任务的重要性，因此将样品转移功能的可靠性放在首位。与对接机构的多方案论证选择一样，转移机构的设计也与探测器整器方案、资源限制紧密耦合。

　　关于转移机构的安装位置问题，对接机构与样品转移分系统研制团队进行了长时间的讨论。转移机构的安装位置可以在上升器、返回器或轨道器，不同的位置对系统的代价、工作可靠性以及过程可控性均有显著影响。研制团队先后论证了 8 种转移机构方案，既有上升器"推"的，也有轨道器"挪"的，还有返回器"拉"的。各种转移机构的方案均有一定的优缺点，在系统接口要求和重量代价等方面有一定的差异。从探测器系统优化的角度出发，转移机构安装在轨道器上比安装在上升器或返回器上付出的系统重量代价要小，更容易实现平稳可控和功能冗余备份。

虽然转移机构的安装位置和基本设计原则确定了，但是具体设计方案却迟迟未能敲定，问题不在于缺乏方案，而在于方案众多且各有利弊。直到有一天，对接机构与样品转移分系统的副主任设计师王卫军提出了连杆棘爪式转移机构方案，这让大家眼前一亮。该方案采用并联连杆的伸缩实现行程的放大，配置 3 个棘爪与样品容器上的齿形接口相互配合，通过接力传递实现样品容器的移动，动作如同毛毛虫爬行，这使得转移过程的容错能力非常强，即使出现意外或者运动中止的情况，只要转移机构继续运动几次，转移任务依旧可以顺利完成。单套转移机构仅使用一台驱动电机，机构的复杂度低，具备重量轻和体积小的优势。在给定的包络尺寸范围内，可以轻松地配置两套转移机构，形成独立的冗余设计，显著地提高了转移任务的可靠性。在研制后期的大量试验中，这种冗余设计的有效性得到了验证。相比其他转移机构方案，连杆棘爪式转移机构方案的优势非常明显，方案一经提出，便赢得了方案评审专家的认可。最终，研制团队决定按此方案开展详细设计。

　　在转移机构设计中又遇到另一个严重的问题，即样品容器移动过程中的导向功能。转移导轨需要横跨上升器、轨道器和返回器，提供容器移动过程中的导引和支撑功能。由于制造、装配和温差环境等因素的影响，由多个独立结构拼接而成的转移导轨之间存在位置偏差和角度偏差，导致样品容器的转移路径并不是一条理想的直线，导向结构需要在准确导向和大范围容差之间取得平衡，对接机构与样品转移分系统的设计师对导向机构的尺寸进行了多轮建模、迭代分析和试验验证，确保了导向设计是合理的。同时，为了满足样品容器进入返回器后关闭舱门的要求，转移导轨需要在完成任务后在长度方向自动收回 120 毫米，让出舱门的运动空间。经过对 6 种方案的论证，最终选择了相对可靠且对轨道器整器改动最小的独立火工品锁紧导轨机构方案，即在完成转移后通过起爆火工品收回导轨。

至此，对接机构与样品转移分系统的最终方案终于敲定。

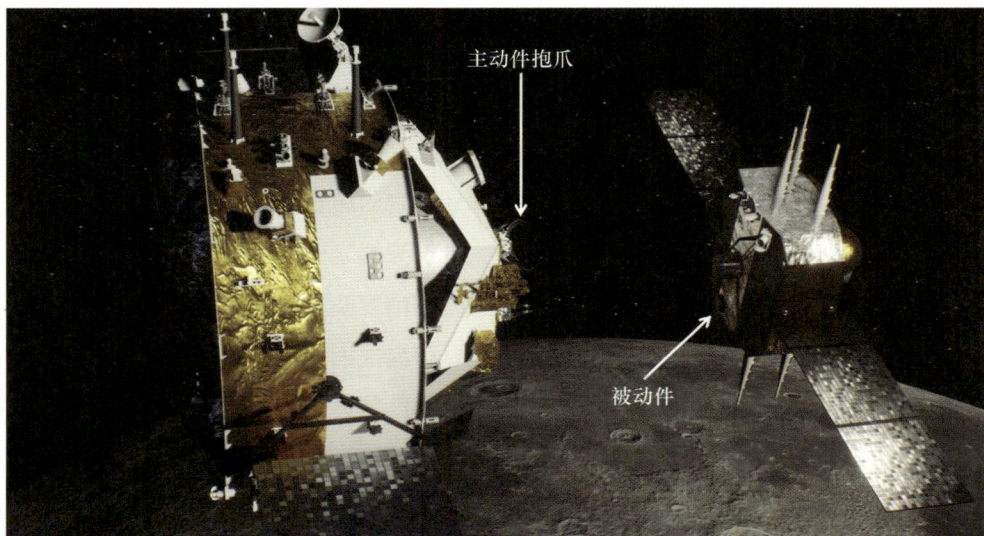

▲ 对接机构主动件与被动件

2.5. 分离设计的毫厘必较
—— 一扇门激发的创新灵感

轨道器分离机构分系统自 2010 年启动论证与研制以来，研制团队从零起步，首创了双作动高可靠分离螺母，为嫦娥五号任务的圆满成功提供了有力支撑。

嫦娥五号探测器飞行任务涉及多次分离，其中轨道器分离机构分系统负责 3 次分离任务，即轨返组合体与着上组合体分离、轨道器推进仪器舱与支撑舱分离、轨道器推进仪器舱和对接舱与上升器组合体分离。在月球轨道环境中进行多次高精度、高可靠分离，在国内尚属首次，无相关经验可供借鉴。因此在轨道器研制任务中，亟须解决大型月球探测器在轨高精度高可靠分离机构的设计与验证难题。

2010 年下半年，当分离机构分系统研制团队接到任务书，看到技术指标时，无不感到惊讶，嫦娥五号探测器连接面之多、尺寸之大、精度和可靠性要求之高均前所未有。就连从事分离机构研制工作数十年的资深专家也对这些指标感到难以置信。嫦娥五号探测器作为我国最大的航天器之一，在经历复杂月球探测环境、多器串联组合后，其分离精度要求竟然比常规要求高出一个数量级。如此复杂的系统，可靠性指标更是要求万无一失，月球轨道上的 3 次分离，工作可靠度需达到 99.99%，这一指标通常只适用于高可靠具备冗余设计的单机，而对于需要经历月球轨道复杂环境的分系统来说，要达到如此高的指标，难度极大。

为何要求如此之高？原因只有一个：嫦娥五号探测器系统复杂庞大，由 4 个器构成，为控制载荷降低质心，缩小纵向包络尺寸，采用大尺寸套叠式构型布局，舱体相互套叠长度超过 1 米，舱体与设备之间的最小距离只有 20 毫米。如果在两器分离时发生碰撞，将损坏电子设备，导致任务失败。因此高精度分离机构不仅是分离任务的保障，更是整个飞行过程中的安全基石。

挑战不可能，需要勇气和智慧，更需要依靠团队的力量。如何寻找出路？高精度的分离攻关决不能闭门造车，必须集合国内优秀资源开展研制工作。于是，分离机构分系统研制团队与哈尔滨工业大学研究团队携手攻关，组成联合攻关团队，从影响分离精度的所有因素入手，查找出影响分离的 12 项因素。面对如此多的因素，哪些是重点？哪些可控？哪些不可控？若将这些影响因素都尽可能控制到最佳状态，能否达到指标要求？一道道难题摆在联合攻关团队的面前。

第一个难题便是分离面的大温差问题。分离机构选用了弹簧分离方案，即每个分离面都配置一定数量的弹簧，平时通过火工品将两个舱段锁紧，分离时则通过火工品将两个舱段解锁，利用弹簧的弹力将两个舱体推开。月球轨道上的分离不同于常规地球轨道上的分离，由于月球辐照和嫦娥五号探测器大体量的构型，分离时探测器朝阳面和背阴面温差较大，这种温差导致的舱体热变形对分离影响极大。同时，大温差还会使分离系统中的弹簧装置力学性能出现差异，进而影响分离精度。分离机构分系统联合攻关团队通过查阅资料发现，关于温度对分离弹簧的影响没有具体参数可供分析。但"办法总比困难多"，没有参数就自己测，没有方法就自己创造。由于当时没有可以在高低温箱内测弹簧刚度的设备，因此无法得到弹簧装置在 −100℃ ~ +100℃ 的温度变化下的曲线，弹簧只能在温度箱内控温，达到温度后取出在箱外测试，但这一过程中弹簧热量损失很快，取出后弹簧温度迅速变为常温。为此，分离机构分系统联合攻关团队改造了试验系统，设计内部放水的保温筒，利用水热容大的特点，保持弹簧温度，同时采用测温电阻测试弹簧实际温度，以修正偏差。

　　解决了测试问题，接下来更重要的是解决分离弹簧的设计问题，需要结合梳理出的 12 项敏感因素开展深入细致的仿真分析。通过上千次敏感性分析，发现分离精度指标仍无法满足要求，分离机构分系统联合攻关团队的工作再次陷入困境。分离弹簧的设计师开始对仿真分析方法产生了怀疑，与负责仿真分析的设计师展开了激烈讨论。在一次次的讨论中，双方均对各项仿真参数的影响有了更深刻的理解。大家逐渐意识到，不能继续沿用传统方式，即在设计和仿真的环节都各自追求最佳条件和最大余量，要取得突破，必须各自交出余量，自我突破，走创新之路。在这个指导思想的引领下，分离机构分系统研制团队与轨道器总体研制团队开展联合设计，各自交出余量，逼近极限，力求把控制精度提高一个数量级。其中一项弹簧分离装置输出力选配精度要求达到千分之三，比弹簧常规最高精度等级还要高一个数量级。为了达到这个精度，需要从上百个弹簧中精挑细选，最终选出了 4 个品质卓越的弹簧。同时，轨道器总体需要对分离体的质心位置进行严格控制，通过控制加注量等创新性方法，将 4 吨规模的轨道器质心位置控制到了 1 毫米范围内，让轨道器上安装的弹簧具有极佳的平衡性。就这样，通过技术攻关，让超高精度分离成为现实。为了验证设计的正确性，分离机构分系统研制团队采用了全因素蒙特卡罗打靶分析、极限条件关键因素仿真分析等多种方法进行验证。结果显示，分离姿态确实达到了规定要求，将不可能再次变为了可能。

　　然而，解决了分离姿态高精度难题只是成功的一半。高可靠性才是分离机构分系统的核心要求。轨道器两总从战略全局出发，提出分离机构要摒弃空间航天器单份解锁的设计，可靠性需要对标"载人标准"，实现冗余解锁。当时国内外类似产品不是体积大，就是承载能力小，无法满足使用要求，轨道器型号队伍在全国范围内启动方案征集工作，向国内各火工品研制单位发出邀请，却迟迟没有进展。两个月后的一天，设计师李爱民回家关门时，无意间看到门上的铰链能够将门固定住，需要时可以轻松地打开。他灵机一动，为什么不能做一个双铰链的机构呢？只要一个铰链打开，就可以绕另一个铰链旋转实现解锁。说干就干，当天晚上他就绘制出了原理图。第二天，该方案迅速得到大家的支持。3天后，设计方案就送到了轨道器总师手中。该方案创造性地设计了双拔销枢轴式连接解锁机构，形成了火工解锁机构从起爆环节、装药环节到作动解锁环节的全链路冗余；保证了各环节的设计裕度，解决了单点失效问题，极大地提高了连接解锁的可靠性。轨道器总师对这个想法赞不绝口，当即拍板启动研制工作，并以最快的速度完成样机研制。为了加快研制进度，赶上嫦娥五号研制步伐，产品边设计、边验证、边改进，仅用了 8 个月时间就完成从原理样机到设计定型的全部工作，创造了新型火工品研制进度的新纪录。设计与生产环节完成后，经过评估，产品可靠度达到了 99.999%，完全满足了系统要求。

最后一个问题，就是降低火工品解锁的时候对舱体的冲击，需要保障在舱段分离时，分离解锁火工品起爆的冲击力不会损坏舱内设备。分离机构分系统研制团队设计的双作动机构采用了强连接弱解锁的设计思路，解锁过程只需要克服摩擦力，而不需要通过火药力量将承载结构破坏，从而极大地降低了解锁所需能量。同时，他们还在分离螺母拔销到位位置设计了缓冲结构，通过缓冲结构的变形来回收解锁剩余能量，进一步降低了冲击力。经过分离试验测试验证，分离冲击响应不大于 3000g（g 为重力加速度），较传统设计的冲击力降低了 40%。

通过持续攻关，一套近乎完美的分离机构方案终于尘埃落定。在嫦娥五号飞行过程中，轨道器分离机构的表现近乎完美。完美，是一个令人欢欣鼓舞的词汇。追求完美，是分离机构分系统研制团队的内在初心，结果固然重要，但结果的完美源自过程的完美。它源自产品设计、研制、测试、验证全过程的一丝不苟，源自创新与严慎细实作风的结合。在研制过程中，分离机构分系统研制团队对每项指标要求都认真应对，给出切实可行的解决方案；面对过程控制，不放过任何疑点和隐患，对创新带来的任何变化都进行了深入研究，分析原因和机理，不放过一丝隐患。正是这样的研发态度，这样的创新精神，这样的过程控制，才让分离机构分系统研制团队自信满满，底气十足，最终让嫦娥五号实现取样后成功返回成为必然。

▲ 分离机构地面试验队员合影

2.6. 综合电子的"积木"王国
——"史无前例"的电气系统集大成者

对于轨道器而言，身轻如燕不仅是基本要求，更是一条不可动摇的原则。探测器总体对其每个产品都提出了"克克计较"的极致设计要求。结构分系统成功减重，打造了坚如磐石的"铮铮铁骨"；而各电子设备设计师也在轻量化指标的"紧逼"下，奋力挑战极限。若沿用传统研制方案，配电、控温、信息采集、信息存储、电机控制等设备各司其职，分工界面清晰，虽有成功经验可循，却远远达不到系统的轻量化要求。面对这难以承受之"轻"，轨道器总师毅然指明了前行的道路：轨道器必须打破传统电气系统的分工桎梏，推行综合电子，方能从根本上破解难题。

他轻轻勾勒了一个圈，圈定了综合电子的广阔天地，也圈进了一代"综电人"的崇高使命。

轨道器综合电子分系统需集众多功能于一身，包括配电、数据管理、测控基带、数据传输、热控、定向天线和太阳翼机构控制、对接与转移机构控制、推进驱动、力学信号采集、自主管理等。从技术角度看，这个圈儿已经大到极致了，将平台智能电子部分尽数收纳其中。放在今天看，这也是一个相当先进的电子系统，而在当时更是超越了想象。综合电子这个概念虽然很流行，但敢于"真刀实枪"地投身如此大规模综合电子工程研制的却凤毛麟角。搞，还是不搞？这个如"哈姆雷特式"的抉择让综合电子分系统研制团队徘徊了许久。经过多轮讨论，研制团队最终达成共识：搞不是问题，关键在于如何巧妙地搞。

综合电子分系统研制团队面临的第一个问题，并非电磁兼容、功能融合等技术难题，而是需求分析这一基础环节。嫦娥五号轨道器研发之初，其各个分系统均为全新设计，对电子系统的需求如同变幻莫测的云雾，让综合电子分系统研制团队无所适从。方案往往刚初具雏形，第二天又被推翻重来。眼看着方案迟迟无法定型，需求仍如日新月异般变化，综合电子分系统主任设计师盖建宁心急火燎。轨道器总师敲定了一个原则，综合电子的设计必须做到以不变应万变。说起来容易，做起来却难如登天。综合电子分系统研制团队的设计师无意间在乐高玩具上找到了灵感，无论乐高模型如何千变万化，其积木块却始终保持着统一的标准和形状，通过巧妙地堆叠创造出无限可能。这一灵感如同明灯一般，照亮了轨道器综合电子分系统的研发之路——"模块化、分布式、一体化"的指导方案应运而生。其设计指导思想为追求高集成度、高复用度、高共享度的极致境界；设计原则则秉持"区域化、模块化、标准化"的核心理念。综合电子分系统研制团队共精心设

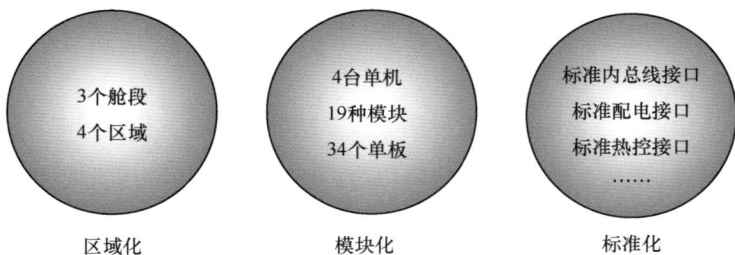

3个舱段 4个区域	4台单机 19种模块 34个单板	标准内总线接口 标准配电接口 标准热控接口 ……
区域化	模块化	标准化

▲ 轨道器综合电子分系统设计原则

计了 19 种标准模块，这些模块如同乐高积木一般，可以自由地组合搭配，搭建出各种功能强大的电子单机，进而基于统一的总线架构，构建出完整而高效的综合电子分系统。这是一种全新的"乐高式"综合电子分系统，哪个舱段有需要，就在哪个舱段灵活地采用基本模块"搭建房屋"，实现对该区域的精准管理。能源和信息传输如同血液和神经一般，全部通过能源总线或信息总线主干道顺畅流通，既实现了系统的自我"瘦身"，也为轨道器电缆网减轻了沉重的负担。由于模块可以快速自由地组合搭配，当其他分系统需求发生变化时，只需简单地重新组合基本模块即可满足新的需求。这在轨道器研制过程中体现出巨大优势，无论轨道器总体或其他分系统对综合电子分系统的需求如何变化，综合电子分系统的设计都做到了以不变应万变，可快速满足任务需求。

乐高式的思路虽然好，在实际执行过程中却遇到了诸多挑战。为了将综合电子分系统单机中的每一个功能模块都做到最优，研制团队选择了各行业中的佼佼者来承担相应模块的研制任务。然而，一台单机的不同模块在不同研制单位进行设计和生产，接口问题成了横亘在前的难题。在时任型号两总的坚定支持下，轨道器综合电子分系统研制团队再次打破了传统电子单机的分工界限。由综合电子分系统研制团队统一制定规范标准，跨过单机层面，直接将模块任务书下达给各研制单位。这种全新的管理模式彻底打破了传统卫星分系统的划分模式，对原有研制分工模式造成了前所未有的冲击。在产品层面，不再是孤立的单机，而是相互融合、不可分割的整体架构。刚开始时，综合电子分系统研制团队陷入了如"乱麻"般的困境之中，关系错综复杂，责任难以厘清，推进过程困难重重。然而，探月工程项目办和综合电子分系统研制团队并未因此退缩或放弃，而是在挫折中携手并进，共同摸爬滚打。他们逐步探索出了一套与综合电子分系统相匹配的全新管理模式。在探月工程项目办的精心组织下，落实了责任制，签订了协作协议；采用了"分封式"管理模式，将分系统工作主

▲ 综合电子分系统单机集成测试

责明确分配给不同设计师，每位设计师都有自己的主攻方向和领域；采用表格化、每周一调的管理方式来梳理、管控综合电子分系统各方面的事务。综合电子分系统研制团队亦采用"伸长手、管得宽"的"强势"分系统模式，发挥各个小团队的优势，取长补短，形成合力，逐步取得了良好效果。

在综合电子分系统单机第一次集成测试的现场，一场激烈的争论爆发了。各单机承制单位都坚信自己的设计无误，问题必定出在别处。此时，综合电子分系统主任设计师提出了一个建议："对照规范，问题自然水落石出。"通过逐一比对，迅速定位到某模块设计时序未遵循规范，与其他模块发生冲突，导致测试异常。这一经历让研制团队更加坚信统一标准的重要性，"乐高"理念得以顺利推行。2013 年，由 4 家单机承制单位攻关研制的19 种模块产品迎来了考验时刻，经过搭建，4 台不同单机产品应运而生。在测试过程中经过多次修正和完善，最终全部通过了验证。所有模块实现了互相兼容，验证了这一方案的可行性。这大大增强了综合电子分系统研制团队将该方案推向型号工程化的信心和决心。为了能够顺利"拼在一起"，实现共赢，在综合电子分系统研制团队的组织下，各家单位在这一崭新的研制模式下通力合作，在后续 7 年的共同研制中，大家齐心合力，不仅有力推动了项目的进展，彼此也成为密切的合作伙伴和良师益友。

这种综合电子分系统的研制模式，不仅在技术上实现了集成创新，在文化上也铸就了集大成之美。每个模块背后都承载着相应承制单位的企业文化，当这些单位的设计师汇聚一堂时，文化的交融与碰撞便悄然开始。起初，各单机承制单位之间难免带着一丝不服气，但在合作过程中，大家逐渐发现了对方的长处，并虚心吸收，产生了集群效应。总体所将自己的创新文化和集智文化带进了综合电子分系统研制团队，引领研制团队不走寻常路，催生出许多小发明小创造，解决了很多深层次问题。电子所强大的平台文化也给综合电子分系统研制团队带来了启示，使得大家深刻意识到，必须建立一个强大的专家队伍提供技术支撑，才能做到遇事不慌、沉着应对。

上海航天电子有限公司纪律严明的质量文化也给综合电子分系统研制团队留下深刻印象，文件不到位不予送检，记录不完整不开合格证，照规矩办事成为每个人心中的守则。在和中国空间技术研究院探测器总体的接触中，综合电子分系统研制团队深受其"敏捷"设计氛围的熏陶，凡事都要在白板上精心推演，避免空谈。后来，综合电子分系统研制团队见贤思齐，引进了"白板文化"，每当讨论问题时，大家都会在白板上写写画画，一同进行深入分析，形成了一种良好的学术氛围。综合电子分系统研制团队还在研究室内推行了这一"白板文化"，使大家在这种文化中相互借鉴，取长补短，进一步推进了科研工作的顺利开展。

▲ 综合电子分系统主任设计师在进行白板演示

以综合电子分系统为"纽带"，总体所牵头4家单机承制单位相关专业部门开展了共建活动，建立了长期交流互动的良好关系。随着彼此磨合时间的不断延长，彼此的了解程度逐步加深，增添了更多的彼此理解和尊重。即使出现问题，大家也不再埋怨"拆台"，而是更好地"补台"，共同为攻坚克难出谋划策。

正所谓合作共赢，联手进步，这是众人围绕共同目标、相互补台、精诚团结、肝胆相照的过程，最终促成了轨道器型号的成功。综合电子，是综合电气之大成，更是综合电子分系统研制团队智慧与力量之大成。

2.7. 制造团队的舞台
——从图纸上走下来的力学试验器

在方案阶段，大多数型号都会投产部分新研产品进行关键技术验证。嫦娥五号轨道器由于状态全新，不仅大部分电子产品投产了样机，还投产了轨道器整舱结构，旨在验证轨道器总体构型的合理性、整器的力学性能，并同时验证轨道器与探测器其他3器舱体对接流程和4器起吊方案的可行性。设计师称之为"力学试验器"。

轨道器推进仪器舱的复合材料结构件生产任务，落在了上海复合材料科技有限公司（以下简称复材公司）的肩上。初接任务时，复材公司以为只是制造一个尺寸稍大的普通圆筒。然而，随着生产制造的深入，他们逐渐意识到，这个轨道器筒段结构之复杂、工艺流程之繁多以及控制要求之高标准，都是前所未有的挑战。推进仪器舱为铝面板、铝蜂窝的夹层结构，直径达到3.1米，是嫦娥五号探测器中包络尺寸最大的部件。大尺寸、薄蒙皮、高承载的需求，对生产制造提出了更严苛的要求，因此，生产过程中遇到了重重难题。

首当其冲的是推进仪器舱的模具问题。生产所需的模具长达2米，如何保证推进仪器舱外蒙皮在不受折弯的情况下顺利装入模具，成为了复材公司的第一个难题。复材公司提出了一套由多人协同、高站低挂的方式转运蒙皮。他们在蒙皮两侧设计了工艺台阶，再利用登高梯形成高低两个大台阶，多人协同拎高蒙皮，再翻越模具，然后转入内侧。每张蒙皮能够安然地"翻山越岭"，离不开各位操作人员的谨慎小心和精心操作。

模具问题仅仅是一个"小插曲"。推进仪器舱模具体积庞大，在升温过程中模具各处温度不均匀，导致发泡胶发泡效果不理想。复材公司迅速组织各方力量进行"会诊"，通过观察发泡胶的发泡效果分布规律，结合发泡胶的发泡原理，找到了问题的"症结"：钢制的模具热导率低，且筒段发泡胶多层叠合后传热效率低，导致发泡胶外侧已发泡到位，而核心位置还未开始发泡就已凝固。针对这些问题，复材公司提出了改进措施：将模具报废重投，改用热导率更高的铝制模具，并降低其温度不均匀性；同时换用滚卷式发泡胶来替代当前使用的叠合式发泡胶。

解决了工艺问题，复材公司在发泡胶填充过程中又遇到了新的挑战。单件推进仪器舱外筒在生产过程中，需要手工向蜂窝芯里填充40000粒发泡胶。复材公司积极协调各部门人员支援滚卷发泡胶工序，力争早日完成"大圆筒"任务。最终，在复材公司全体员工的共同努力下，所有装配工作都在工艺要求的时间内顺利完成。

2012年夏天，第一件推进仪器舱筒段产品在复材公司热压罐中缓缓出炉。这是结构轻量化关键技术攻关的标志性节点之一。

然而，当所有人翘首以盼的时候，却遭遇了力学试验器筒段表观缺陷的沉重打击。复材公司立刻开展推进仪器舱 X 光探伤工作，X 光探伤结果显示，设计和工艺本身并无颠覆性的问题，只是工艺应用在这么大尺寸的结构上需要进一步地优化。通过一系列工艺优化、固化程序以及试片试验验证，推进仪器舱生产的全部问题很快得到了解决。力学试验器就此从图纸上走了下来，屹立在了轨道器研制团队面前。在方案阶段接下来的时间里，力学试验器经历了重重考验，充分验证了结构设计、仿真、生产、制造的正确性。

2.8. 力学器试验中的小插曲
——方案阶段的实物验证

经过两年的潜心研制，2012 年的冬天，轨道器力学器终于完成研制，踏着瑞雪、出征北京，参加探测器总体组织的探测器系统 4 器组合体力学试验，用于验证方案阶段主结构及总装设计的正确性和生产工艺的合理性，确认结构产品无缺陷。

在北京，经过半个月的紧张总装工作，当轨道器与其他 3 器首次对接完成后屹立在人们面前时，在场的所有人都被这个探测器组合体的宏伟壮观所震撼。全部总装完成的嫦娥五号探测器总高度达到 5 米，重量超过 8 吨，在当时，它是我国在研的最大的无人航天器。

面对构型如此复杂的新型探测器，任何环节的疏忽或者不协调，均会影响试验进度。轨道器研制队伍的平均年龄还不到 30 岁，这次总装无疑是对青年设计师智慧与能力的一次考验。

在探测器 4 器对接中，第一个步骤是将返回器吊起来，再缓缓放到轨道器"腹中"。然而，第一个环节就出了问题，返回器稳定翼与轨道器对接舱侧板接口不协调引起干涉，经过轨道器方与探测器总体方协商，为了探测器系统的最优化，双方决定分析哪方更改所付出的代价更小，就由哪方进行更改。轨道器对接舱侧板是对接舱的承力部件，如果在这块板上开缺口避让返回器稳定翼，就会削弱其承载能力，如同包装袋边缘开了个剪刀口，很可能导致在力学试验中结构从该缺口处断裂。而返回器稳定翼只是一个次级结构，在方案阶段主要起到维持形状的作用，不承受其他载荷。最终，双方明确，由返回器进行更改，削掉稳定翼与对接舱干涉部分，确保能够顺利对接。这一问题得以圆满解决，4 器对接终于可以继续进行。

舱段对接问题解决了，第二个问题又接踵而至。面对构型如此复杂的庞然大物，中国空间技术研究院总环部设计了 4 个分瓣式吊挂附件，每瓣分别与轨道器支撑舱后框及推进仪器舱前框同时连接。吊挂附件安装后，给人的第一感觉就是这套附件看起来如此单薄，能否承担起吊重任？时间不等人，经双方设计师反复讨论，决定对吊点处进行局部加强。加强方案就采用类似给骨折患者打夹板的方式，在推进仪器舱前框下表面吊点处各增加 1 块铝板，把结构端框夹住，增强局部的强度和刚度，防止起吊时造成结构变形而发生意外。方案确定后，接下来就是生产这样的 4 个铝块。为了加快进度，轨道器总体设计师禹志直接在结构上进行取样，连夜与探测器总体设计师一同赶往天津航天机电设备研究所对吊挂附件进行返修，并在生产现场确认返修结果，不仅保证了返修结果的正确，还确保了没有耽误试验进度。

当返修好的吊挂附件与支撑舱体连接完成后，吊装指挥喊出

"慢起"的口令时，大家的心仿佛和轨道器一起被吊了起来。8吨多的庞然大物被桁车慢慢吊起，状态平稳如初，随后又缓缓落到预定位置，大家的心终于稳稳地放下。两个小插曲过后，剩下的一切比预想的还要顺利。整个探测器接连完成了满箱验收级振动试验、满箱鉴定级振动试验，位于最下方的轨道器犹如泰山一般稳固，整体上纹丝不动，基频特性与仿真分析结果高度吻合。

经过近一个月披星戴月的奋战，轨道器力学试验器圆满通过了力学试验考核。同时，也识别出了器间接口和整器起吊方案等薄弱环节，为后续产品研制奠定了坚实基础。年轻的设计师也随轨道器一起经历了第一次考验，大家对技术状态控制与研制中可能出现的风险有了更深刻的认识，协调和解决问题的能力也得到了提高。在未来的岁月里，正是这支设计师队伍逐步在型号研制中成长为中坚力量。

轨道器总体与各分系统研制团队经过两年的关键技术攻关，完成了以轨道器总体技术、结构轻量化、对接与样品转移、高精度高可靠分离以及分布式综合电子为主的五大系统级和8项单机级关键技术的攻关，并且通过投产力学验证器以及各关键样机完成了验证。在这个过程中，有困惑，有思索，有迷惘，有灵光一现，但更多的是扎扎实实的测试、优化、再测试、再优化的往返循环工作。正是这一大群人平凡而朴实的工作，最终确定了推陈出新的轨道器总体方案：

构型布局——采用外承力筒、承力球冠承载贮箱并平铺下探、双太阳翼的构型设计方案；

信息系统——采用分布式综合电子方案；

分离设计——采用双作动分离螺母点式分离方案；

飞行流程——采用分舱级抛，降低燃料消耗的方案；

对接机构——采用抱爪对接方案，三抱爪布局，对接过程自定心设计；

转移机构——采用仿尺蠖棘爪连杆机构，全冗余机构设计。

明确了方向后，轨道器团队没有庆祝，没有休息，直接投入到了初样研制工作中，因为他们知道，更大的挑战还在后面等待。

第 3 章

机电热力，千锤百炼
——初样形铸

在轨道器方案阶段完美收官后，于 2013 年转入初样研制阶段。完成了关键技术攻关，明确了整器方案，接下来的任务就是将图纸上的构想转化为实实在在的产品。在初样阶段，完成了轨道器结构器、热控器、电性器的投产、总装与测试，以及鉴定件产品的研制与试验。同时，为确保国家重大工程探月三期任务的研制进度，轨道器初样阶段采用了结构器、热控器和电性器 3 个试验器并行研制与测试的方式开展工作，这对研制团队的人员配置和进度管理提出了极高的挑战。在研制过程中，轨道器研制团队与探测器总体及其他研制团队，紧密合作，携手并进，勇攀技术高峰，不仅圆满完成了研制任务，更在实战中锤炼了团队，收获了宝贵的成长经验。

3.1. 经得起考验的铮铮铁骨
——结构器生产的一波三折

"鸡蛋壳上挂秤砣"般的承力球冠，是一件大型复合材料结构件，采用双曲率蒙皮结构，其结构包络直径约 3.1 米，结构加工的工艺控制极其困难。针对该产品特性，设计师和工艺师深入分析产品结构特点，沟通、协调工艺总方案，增加了过程控制措施。在方案阶段的首件产品制作中，大家满怀热情和期待，结果首件产品的成型质量不负众望，完全符合设计要求，取得开门红。

结构分系统设计师与工艺师欢欣鼓舞，随即投入到初样结构器的研制工作中。然而，好景不长，从初样产品传来了不幸的消息：承力球冠成型后探伤缺陷超标一倍多，不满足设计要求。结构分系统设计师紧急召开了球冠修补方案研讨会，邀请了中国商用飞机有限责任公司、北京航空材料研究院、北京空间机电研究所、哈尔滨玻璃钢研究院有限公司、大连理工大学以及上海航天技术研究院等的众多专家，从设计、工艺两方面剖析问题产生的原因，并就分层缺陷对性能的影响进行了全面分析。最终经过严格评估，确定该结构件不满足要求，决定报废已投产的承力球冠。

对于每一个参与者来说，如此大的复合材料件报废都是难以接受的，但是首要任务还是针对球冠缺陷进行技术分析，查找产品缺陷超标的原因。为了迅速确定缺陷的类型，复材公司委托航天材料及工艺研究所检测与失效分析中心对结构器承力球冠试验件开展了缺陷分析。该所设计师对报废产品铺层过渡区域存在分层缺陷的部位进行了本体取样，完成了取样部分形貌观察、金相分析和分层面形貌分析。分析结果显示，球冠缺陷表面均为呈自由表面形貌的树脂，未见纤维存在，表明缺陷两侧铺层未形成有效粘接，认为球冠的内部缺陷均为气孔引起的分层所致。

起初，大家认为这个缺陷不难解决，但现实又一次打击了结构分系统设计师的信心。复材公司采用改进后的措施制备了 1/8、1/4 大小的产品进行验证，结果探伤仍不满足要求。结构分系统设计师开始了自我怀疑，甚至对结构设计产生了质疑：难道这种结构就无法生产出合格的产品，方案阶段的成功只是一个偶然？然而航天人终究有一股拼劲，经过多次讨论分析，结构分系统设计师认定结构设计方案没有问题，只要工艺方案正确，控制措施得当，就一定能做出合格的产品。

对于工艺方案，复材公司成立了球冠攻关小组。针对球冠产品的分层缺陷问题，从工艺、制造、材料、生产环境等方面入手，全方位对产品的质量问题开展了排查。根据缺陷形貌和位置，他们分析了产生问题的原因，并进行逐级排查，最后列出了 12 个底层原因，并针对每一个底层原因进行验证、分析和排除。在整个排查过程中做了几十件试验件以排除问题，经过一番苦战，他们排除了产品贫胶、预浸料表面污染、机械损伤、预浸料架桥等 10 个底层原因，最终摸索出了制作小型合格样品的方法，然后再将尺寸不断扩大，直到做出零缺陷的整件球冠。最后轨道器球冠产品的质量得到了各方人员的一致认可，使得轨道器结构器研制任务得以顺利推进。

▲ 工艺师对球冠工艺进行验证

完成了生产和产品检验后，轨道器球冠还要经过最后一场"大考"，那就是结构器的静力试验。静力试验是每个结构方案能否成立的最终判据，只有通过了该试验，才能获得参加飞行试验任务的"通行证"。与其他航天器结构不同，轨道器结构经历的试验不仅次数多、历时长，而且试验状态复杂、难度大。试验项目涵盖了材料级性能试验、零部件级试验、单舱段试验及多舱段组合状态试验，通过层级式试验方案，完整掌握结构各级性能；为了真实模拟轨道器结构受力情况，采用了多点协调联合加载试验技术，实现了球冠和筒段结构的同时加载，对轨道器结构的承载能力进行了准确验证。

经过了球冠生产的风波和技术改进，设计师对球冠的静力试验充满了信心。2013 年 3 月 26 日，从上海航天精密机械研究所静力试验厂房内传来了热烈的掌声——嫦娥五号轨道器结构器设计载荷静力试验顺利完成，这标志着承力球冠通过考核，轨道器结构方案也得到了认可。经过试验大考的轨道器结构，应对各种任务的载荷可谓信心满满，真正做到了既轻巧又坚固。同时，通过大量的试验和数据分析，我们对轨道器复合材料结构的材料特性和力学特性有了更新和更深的认识，掌握了类似结构的能力底线，为后续的结构设计奠定了坚实基础。

3.2. 浴火凤凰只为飞天使命
——热控器试验的夜以继日

在初样阶段投产的轨道器热控器，主要用于开展整器热平衡试验，以验证热控分系统设计的合理性。热控器上配备了所有电单机的热控模拟件。传统航天器仅会配备少部分电子单机的热控模拟件用于整器热平衡试验，这种配套齐全的热控器研制在上海航天技术研究院航天器研制中还是首次，大大增加了热控分系统和总装的工作任务量。针对这一新的研制模式，探月工程项目办组建了热控器研制团队，由型号两总指挥，轨道器总体研制团队牵头，各分系统研制团队密切配合，共同开展研制工作。

作为初样阶段涉及的研制单位最多，总装工作最为复杂烦琐的试验器，热控器的研制任务之重可想而知。热控器研制团队负责人李鹏带领研制团队在与探测器总体方充分协调的基础上，积极策划，制定了详尽的热控器研制技术流程，并细化总装技术流程，将每一项工作都落实到责任单位。对于每个关键项目，李鹏都亲自与责任单位进行一对一的充分沟通，并深入现场进行实地考察，保证每项工作要求到位，工艺有效，可操作，可实现。热控器研制团队对热控器总装和热平衡试验过程中所需要的文件配套、器上产品配套和地面设备配套进行了全面的梳理，并实行表格化管理，定期梳理短线，对文件的编制、产品和地面设备的研制进展进行跟踪、更新，有效掌握了热控器研制状态，保证了热控器研制工作高效推进。

热控器总装工作时间紧，任务量大。考虑到热控器在上海地区做完热平衡试验后，再起运到北京参加探测器总体热试验，留给热控器总装的时间仅有一个月。在这一个月里，需完成热控器 109 台单机设备的安装，530 多个温度传感器、160 多块共 64 平方米多层隔热材料、300 多路加热器的粘贴和安装，以及 2500 多根导线与 65 个接插件的电缆整理、焊接和测试，设备安装和热控实施交叉进行，工作复杂且协调量大。张玉花总指挥多次组织现场调度会，解决热控器总装过程中场地、人员等保障问题；胡震宇副总师也经常在现场办公，提高了工作效率并鼓舞了士气；而热控分系统主任设计师赵吉喆，为了保证热控总装进度，几乎"住"在了现场，不停地沟通、决策、再沟通、再决策。总装厂操作人员发扬了航天人吃苦耐劳、甘于奉献的精神，在整个总装过程中，放弃了周末和"十一"长假休息时间，全力以赴，确保热控器总装任务按时间节点顺利完成。当金光闪闪的轨道器热控器吊入热真空罐，平稳地固定在停放工装上，测试结果满足要求时，这就是对热控器研制团队整个总装工作的最好回报。

2014 年 10 月 31 日至 12 月 5 日，轨道器热控器在上海卫星装备研究所开展了轨道器单器 16 个工况的热平衡试验。在热控器热平衡试验完成后，于 2014 年 12 月 15 日将轨道器从上海运抵北京怀柔，与返回器对接组成轨返组合体后吊入真空罐中开展热平衡试验。整个热平衡试验横跨一个春节，至 2015 年 4 月 17 日，圆满完成了共 3 个阶段 18 个工况的轨返组合体热平衡试验。在热平衡试验期间，轨返组合体在真空罐中经历高低温的严峻考验。尽管已经借助了自动判读系统，但还是需要测试人员 24 小时监视显示器上单调、枯燥的数字和曲线，不停地分析、判断并调整罐内轨返组合体的状态。在这项平凡又重复的工作中，试验人员秉持"严慎细实"的工作作风，对试验中任何一个异常现象，都做到准确定位，及时处理。轨道器热控器在上海阶段的单器热平衡试验历时一个多月，在北京阶段的热平衡试验历时两个多月，热控器研制团队勇于担当，克服长期出差、连续试验带来的身体疲惫等诸多困难，经历磨砺，圆满完成了任务。更重要的是这次经历锻炼了队伍，形成了一支敢打硬仗的研制队伍，为轨道器正样的顺利研制打下了坚实的基础。

3.3. "测"海无涯勤做舟
——电性器测试的精益求精

2014 年，轨道器迎来了首次电性能测试实战考验——初样电性器研制与测试。这是"青涩"的轨道器电子单机经历的第一次系统联试，而当时的轨道器电总体设计师也同样处于"青涩"阶段，大家都没有整器测试的实战经验。面对"电性产品技术要求""接口数据单"的编写与签署，以及"电性单机验收大纲"的讨论，还有电子单机产品的跟产、测试与验收等一系列繁重的任务，他们没有退缩，一边学习新知识，一边摸索新方法，一边勇于创新实践。就这样，他们走出了一条属于自己的路，成功完成了初样电性器的研制与测试任务。

从一张白纸到一件件真实的产品

一张白纸,既象征着一无所有,也蕴含着无限可能。面对挑战,轨道器电总体设计师喊出了"初生牛犊不怕虎"的豪言壮语。没有单机设计与检查经验,他们就主动向专家请教,向其他型号老同志请教,跟着单机设计师边学边用。在单机从生产到验收的整个过程中,他们下厂与产品为伴,对产品的认识突飞猛进,逐渐摸索出了一套特有的工作方法。

轨道器综合电子分系统几乎集成了整器除轨道姿态控制外的所有平台电子功能,其 4 台电子单机对内对外接口错综复杂。在轨道器电性产品研制之初, 这 4 台电子单机的接口数据单迟迟未能签署,接口需求不断迭代,状态无法确定,导致硬件产品无法投产。面对产品硬件不能投产,大家心急如焚,终于他们想出一条最简单也最有效的方法——单线协调不行,那就集中办公。在探月工程项目办的组织下,综合电子分系统与其他相关分系统开展了多轮的大规模集同设计,设计师面对面核对双方的接口电路图,并现场签字确认,发现问题就直接修改,直到修改完成。他们将每位设计师心中所想都落实到图纸上,确保每个人的设计都准确无误。靠着"面对面"办公减少了中间协调环节,降低了沟通成本,避免了文字和口头沟通的不确定性和往来的时间成本,最终,他们在规定的日期完成接口协调,综合电子分系统产品顺利投产,电性器产品研制首战告捷。

刚解决一个难题,第二个难题就接踵而至。由于研制进度以及运输成本等限制,在北京研制的轨道器导航制导与控制(以下简称 GNC)分系统产品无法参加在上海进行的轨道器电性能综合测试，而是在北京等待轨道器电性器，直接参加探测器整器电性能测试。面对这个问题，轨道器研制团队展开了激烈的内部讨论，如果 GNC 分系统产品不来上海，还要不要开展平台其他单机的电性器综合测试？还是只进行最基础的供配电接口安全检查，然后直接在北京参加探测器电性能测试？本着对型号负责，对产品负责的原则，最终由轨道器型号两总商量后决定，在上海地区完成平台电子单机综合测试，确保交给探测器的所有电气系统功能、性能良好。于是，设计师接下来要解决的问题是，如何验证与 GNC 分系统的电接口、总线信息接口和机构控制接口。接口等效器应运而生。此时离轨道器综合电性能测试已经不足 3 个月，常规供应商研发时间长，来不及承接接口等效器的研制工作。总体所决定选择与高校进行合作，电总体设计师曹彦天天"泡"在高校试验室，和高校相关人员一起探讨研制需求、接口方案，一起调试。在电性器综合测试开始前一周，接口等效器顺利交付，功能完备，能够模拟 GNC 电接口、总线信息接口和机构控制接口，完美适应了测试要求。

初生牛犊与老虎的较量

2014 年 4 月，电性器产品终于迎来了验收时刻，电总体设计师全员从其单机跟产与验收工作中抽身，未待休整便摩拳擦掌，准备开展电气系统联试。经过电性器产品的研制、接口等效器的创意与实现，大家满怀信心，认为只要努力工作，积极进取，整个电性器的测试工作顺利推进只是时间问题，然而，现实却给了年轻的设计师一记重击。

在轨道器电系统联试的第一天，当电源控制器通电时，电压曲线出现了轻微波动。这究竟是怎么回事？设计师面对型号两总的疑问，不由得面面相觑，一时无言以对。这台产品进入整器测试前，可是经历了电路板级测试、单机自检、分系统联试、厂所级验收、总体验收等重重考验，所有数据均正常，测试曲线也毫无异样。问题究竟出在哪里？找不到问题根源的总体设计师只得把单机拆下，连夜返厂重新测试。产品返回研制单位一接通电源，电压曲线依然正常。这让他们更加困惑，问题显然存在，但又不像是单机本身的问题。总体、综合测试、分系统、单机等设计人员从测试环境、测试方法入手，逐一排查，最终发现原来是地面电源输出曲线模式设置不同，导致电源控制器加电时的轻微波动。电源控制器的设计是否符合任务书要求？显然是符合的。是否影响任务使用？从理论上看，应该不影响。但这究竟是不是问题？大家陷入了沉思。最终，轨道器总体与电源分系统的设计师一致决定，改进单机，保证单机的设计能够适应一切可能的工况，哪怕是一点轻微的电压波动都不允许出现。为了尽可能降低对整器测试的影响，单机设计师又连夜展开了验证工作，更换调试器件、重新自检测试，重新验收。第二天下午，电源分系统主任设计师周健一脸疲惫地"护送"电源控制器重新返回测试现场，重新上电后，一切恢复正常。

经此一"战"，所有电子单机设计师更加谨慎了，在接下来的测试中，他们时刻提醒自己，单机不仅要设计正确，要足够健壮，更要考虑一切可能的使用条件。一个好的设计师，不允许有任何考虑不周全的地方，不允许有遗漏的工况。在型号设计中，没有最细致，只有更细致；只有精益求精，才能确保安全。

敬畏细节成就航天品质

俗话说，细节决定成败，这句话在航天工作中体现得淋漓尽致。航天产品大多造价昂贵，因此在设计阶段，每位设计师都会经过风险识别这个环节，对设计需求、使用环境进行充分的分析才会着手设计。这就意味着在设计环节出错的可能性极小。然而对于深空探测这种无法批量生产的新研产品，很多都是一个型号仅投产一台，其过程控制、测试环节就会存在很多新方法、新判据，从而带来新风险，而这些风险往往隐藏在细微之处。

对于轨道器研制团队来说，任何可能产生问题的环节和现象都宁可错"杀"，也不可放过。经历了轨道器整器加电环节的小风波后，轨道器电总体设计师更加小心翼翼地对待测试中的每一个环节，每一个遥测参数，然而，很快又一个小风波悄然而至。轨道器整器供配电链路检查顺利通过，上下行遥控遥测通道建立后，电性能测试阶段正式拉开帷幕。测试人员在日常测试中发现，蓄电池的少数单体电压出现轻微波动，各个单体电压出现不一致现象，整个综合测试现场顿时紧张起来。是蓄电池单体性能下降？还是遥测采集异常？亦或是遥测下行异常？其中任何一个问题都不容小觑！测试结束后，整器断电，进行了电池电压静态测试，结果电池参数一切正常。经过总体、综合电子分系统、电源分系统三方联合分析，认为可能是因为电池的电压量处于遥测采集模拟量转数字量的某一阈值临界状态，由模数转化精度原理导致的轻微差异，并非硬件产品本身的问题。在轨道器重新上电后，面对着仍然微微波动的电池单体电压遥测量，大家依旧悬着心。分析是否正确？会不会电池确实存在性能缺陷？只有蓄电池在充放电过程中才会出现这种不一致现象。虽然只有百分之一的可能性，但不一致的现象仍无法排除。经过激烈讨论，大家一致决定，在加电状态下通过电池的测试口，用电压表同步开展电池电压测试，与轨道器上遥测采集结果进行比对。在轨道器加电情况下测试存在一定风险，经过严格的试验方案审查与风险评估后，大家一致同意开展电池电压同步测试。在严格的静电防护与带电操作防护下，获得了在轨道器加电工况下，蓄电池电压的仪表实测数据，所有数据正常，这代表电池性能良好。所有人松了一口气，同时笑着调侃道："早知道是这样就不费力气了"。

在此后电性器长达半年的测试中，他们一遍遍重复着各种"早知道是这样就不费力气了"的测试，用敬畏之心去面对任何一个遥测参数，用实际证据去证实每一个理论分析，不放过任何一个疑点。

历经艰难方显英雄本色

"不经历风雨，怎么见彩虹"，只有经历风雨，才会成长，才能变得更加强大。在轨道器电性器的一次次加电测试中，轨道器电总体团队与各分系统设计师、综合测试团队不断磨合，共同奋战，携手成长。如今回想起电性器测试的那些日日夜夜，虽然辛苦却充满意义。凌晨时分，他们手提示波器，在测试平台上爬上爬下，仔细观察测试波形；周末时节，他们连续工作，只为按时交付测试后的产品；数月离家出差，虽然偶有抱怨，但一踏入测试现场，便立刻全身心投入工作。付出总有回报，那一个个加电测试的不眠之夜，那一轮轮模拟飞行测试中的 24 小时轮班，那一次次问题排查中的刨根问底，让综合测试团队变得更加坚强、更加敏锐。综合测试团队发明了用表格对技术状态进行量化控制与交接的方法，培养出了对数据敏感，能够见微知著的设计师，学会了测试数据的纵向比对与横向比较，掌握了对每一个参数的精确测试与验证方法。这次初样电性器的测试工作，不仅收获了一个更加健壮的系统，还锻炼出一支能战斗、会战斗的综合测试团队。这支团队在风雨中历练，在挑战中成长，成为了型号宝贵的财富。

3.4. 跨越转移通道的鸿沟
——为月球样品而延伸的 85 毫米 "桥梁"

在轨道器方案阶段，经过两年的技术攻关，明确了对接与样品转移机构方案以及与对接舱一体化布局的设计。对接机构与样品转移分系统主任设计师郑云青凭借自己多年的型号研制经验，未雨绸缪，预判在轨开展样品容器转移时，容器有可能会发生姿态倾斜，因此，她特地安排了设计师傅丽佳在初样初期就着手进行导向结构的设计工作。在郑云青的指导下，傅丽佳提出并论证了 6 种转移导向结构形式。通过对比和优化，对接机构与样品转移分系统研制团队确定了梯形—半圆形导向结构，攻克了正常状态和故障状态下样品容器受力后姿态偏转的归一化难题。

在导向结构的设计过程中却发现了一个致命的问题——主动件导向结构和返回器导向结构之间存在 100 多毫米的间距。这就意味着在转移接力的最后一棒中产生了一个巨大的鸿沟，接近 300 毫米长的样品容器在跨越这道鸿沟时特别费力，一不小心很有可能导致样品容器卡滞在这个间隙中。于是，在转移通道上需要搭建一段过渡的 "桥梁"，以确保转移过程的平稳连续。

最简单有效的方式就是直接把主动件的导向结构延长至返回器内，但是这样会导致在对接舱分离前返回器无法关闭舱盖，对样品容器的可靠返回带来影响。于是这个想法直接被研制团队否决。关键时刻，对接机构与样品转移分系统副主任设计师王卫军充分发挥其 "点子王" 的独门绝技，每天都提出一个新的方案，有电机驱动下的翻转导轨机构，有钢丝绳联动的导轨机构，还有火工起爆的翻折式导向机构。一时间，分系统研制团队成员大受激励，撸起袖子加油干，一周之内完成了多个方案的详细设计工作。最后综合考虑了重量、技术继承性和研制进度等因素，确定采用火工起爆的翻折式导向机构。初始状态为导轨伸出状态，导轨伸长了 85 毫米，在转移任务完成后，通过切割器火工品解锁，解除位置保持状态，伸长的导轨在弹簧力的作用下收回到主动件的包络尺寸内，不影响后续返回器舱门的闭合。

就这样，这段延伸的导轨为样品转移铺好了最后一段"桥梁"，样品容器可以从容地沿着这条平顺、连续的转移通道通向返回器，踏上回家的路。后来，对接与样品转移机构方案经过初样阶段的优化，可靠性再上了一个台阶。

3.5. 工欲善其事，必先利其器
——对接试验台的自力更生

有了设计就需要制造，制造完成就要测试，在测试任务中，数据是否准确，性能是否达标，不仅要求测试方案设计合理，更需要配备全方位满足测试要求的测试设备。打个比方，用一根只有厘米精度的尺子，永远测不出毫米精度的长度，同样，要确保测试任务的圆满完成，地面试验设备所要求的技术指标必须比任务本身更高。在轨道器方案阶段，对全任务周期要做哪些试验、需要什么样的设备、怎么做到"物美价廉"，对接机构与样品转移分系统研制团队就开展了系统的规划与设计。不规划不知道，一规划就把设计师吓了一跳。由于嫦娥五号轨道器任务新颖，各项指标要求与当时在研的多个航天器相比都非常苛刻，因此很多设备，尤其是对接与样品转移机构所需要的地面测试设备在国内都没有现成产品。

月球轨道对接与样品转移受复杂的空间环境、对接初始条件、上升器及轨返组合体质量及惯量等多种因素影响，需要在地面开展微重力、常温、高低温和热真空下的对接与样品转移模拟和试验验证。相应的地面设备需攻克全自由度动力学环境模拟等相关关键技术。设计师除了要设计产品，还要像打造"炼丹炉"般设计综合试验平台，开展一站式地面模拟试验研究工作，确保月球轨道对接与样品转移地面测试的顺利开展。对接与样品转移机构的设计师犯了难，型号工作已经非常繁忙，难道还要自己研发地面设备？事实摆在面前，除了自主研发，并没有其他路可走。地面测试设备研发保障队伍，充分发挥"自力更生、艰苦奋斗、大力协同、无私奉献、严谨务实、勇于攀登"的航天精神，秉承任务牵引、保障先行的原则，在方案阶段产品研制的同时，提出了一系列大型试验设施的建设需求，并且得到了探月与航天工程中心技术改造资金支持，全面解决了任务技术攻关过程中的条件瓶颈。其中服务于对接与样品转移机构的对接与样品转移机构整机特性测试台、弱撞击式对接机构对接性能试验台、弱撞击式对接机构综合试验台和弱撞击式对接机构热真空试验台四大项目被列为保障条件建设的重中之重。

在设备的实施过程中，年轻的设计师队伍邀请经验丰富的瞿玉棣、王北江、任安业等一批资深专家担任设备研制技术顾问，同时创新性地联合中国科学院沈阳自动化研究所、哈尔滨工业大学、上海交通大学等承研单位，优势互补，各取所长，共同研发。在大家的共同努力下，充分利用总体所内机构产品的研发技术优势和空间站对接机构试验条件的成功经验，以"保安全、保进度、保质量、保交付"为目标，最终在两年内全面完成了试验设备的交付。

在对接与样品转移机构整机特性测试台中采用多自由度串联技术、高精度并联六自由度控制技术、重力向失重运动状态模拟技术等，实现多维偏差多接口下的样品转移功能和性能验证。通过基于高低温箱及密封隔热软罩的温场模拟技术，该测试台解决了宽温场下高精度转移性能验证、地面重力环境下进行全悬浮样品容器转移验证的难题。

▲ 对接与样品转移机构整机特性测试台

弱撞击式对接机构对接性能试验台基于气浮原理，是一个实现了十二自由度全物理高精度试验的地面测试系统。它实现了地面环境下的测量误差小于1牛的高精度失重模拟，解决了地面重力环境下高精度、低干扰模拟航天器对接过程中的难题。

▲ 弱撞击式对接机构对接性能试验台

　　在弱撞击式对接机构综合试验台中采用了主动抓捕式对接动力学模型的半物理参数化模拟技术，准确再现了常温和高低温环境下不同初始条件的对接过程。该试验台再现频率最高达到8赫兹。

▲ 弱撞击式对接机构综合试验台

在弱撞击式对接机构热真空试验台中采用了重力向失重运动状态模拟、等效惯量模拟、多自由度串联等技术，模拟两个航天器和样品容器失重的状态，并设置完整的转移功能验证接口，在模拟真空环境条件下，该实验台完成对接和样品转移功能全流程试验。

▲ 弱撞击式对接机构热真空试验台

这些设备的成功研发，不仅有效解决了地面重力环境下模拟航天器对接与样品转移的难题，更为嫦娥五号任务的成功实施提供了有力的技术保障。工欲善其事，必先利其器。正是凭借着这些先进的地面测试设备，嫦娥五号对接与样品转移任务才能够得以顺利进行，最终取得圆满成功。

3.6. 分离试验的精确模拟
——创造试验方法来验证未知

轨道器分离任务对高精度、高可靠性的要求达到了极致。为了验证分离机构的设计能力和技术指标是否满足任务需求，必须进行全面的地面试验验证。在地球轨道的航天器分离任务中，由于分离环境相对较好，其地面试验主要关注分离功能，而较少考核分离精度指标。但对于探月工程而言，这样的验证远远不够。嫦娥五号探测器采用多器串联的构型，使得各器之间耦合较多，加上复杂空间环境的影响，仿真模型的计算分析难以完全反映飞行过程中的实际情况，因此必须进行实物验证。实物验证必须要达到如下几个目标：分离体特性与探测器状态一致；分离机构与各系统接口一致；分离试验不仅要验证分离功能，还要测试分离速度和分离姿态，同时还要模拟空间温度场环境。这些目标实现起来均颇具难度，尤其是最后一个目标更是挑战重重。

经过对国内外调研，发现相关航天器分离机构试验主要以验证分离功能为主，兼顾测试分离速度和验证接口等，但很少验证分离姿态，只有载人飞船对接机构采用气浮平台和地面模拟件测试分离姿态，然而设备过于昂贵无法广泛应用。对于航天器模拟空间复杂温度场环境的分离试验，分离机构分系统研制团队查阅了大量的国内外相关文献，也只发现航天器仅采用部件进行局部高低温环境试验验证，全系统验证均未开展，这又是一个没有先例的工作。

面对没有成熟试验方法和成套设备的困境，分离机构分系统研制团队只能走创新试验方法、自研试验系统的道路。在副总师胡震宇和分离机构分系统主任设计师王金童的带领下，分离机构分系统研制团队于 2013 年 9 月启动分离机构分系统分离试验的准备工作。经充分调研，多轮方案论证，以及各方专家审查后，研制团队最终确定采用新型低阻尼快响应重力平衡系统，精确平衡分离体重力，模拟空间失重环境，开展高低温分离试验的方案，全面测试解锁时间、解锁冲击、分离速度和分离姿态精度。该试验设备基于大型高低温试验箱和主动舱体加热控制系统，对分离舱体施加空间温度场，采用滑轮组配重平衡分离体重力，采用测量信号结合高速摄影技术，精确测量解锁时间和分离速度，从而全面模拟空间环境条件下的在轨分离性能。

为了模拟零重力环境下的分离状态，分离机构分系统研制团队首先着手研发全新的基于气液电联动控制的液压重力平衡常温分离试验系统。针对全新的试验方法、试验设备和试验状态，由分离机构分系统研制团队牵头，与结构分系统和设备研制方共同成立了专项攻关小组。攻关小组编制了专题计划，明确分工，细化流程，强化过程控制，紧密协作，对关键环节开展专家审查，确保试验系统达到指标要求。

液压重力平衡气液电联动控制方法是利用液压实现大承载，利用气体响应速度快、体积变化压力快速补偿的特点解决系统快速响应的问题，通过电液伺服控制，保证重力平衡的高精度调节。在重力平衡系统平衡分离体重力的同时，攻关小组又提出基于万向轴连接质心重力平衡方法，以精确模拟飞行时刻的零重力环境下的分离状态。方案确定后，攻关小组迅速完成测试系统的构建，然而，第一次测试结果并不理想，在分离的瞬间，平衡力瞬时下调，下调值超出了分离力，导致分离过程出现卡顿，测试失败。试验结果表明液压系统的动态响应特性距离分离试验要求差距较大，攻关小组连夜开会商量对策。经过对数据进行分析并与专家会商，攻关小组终于找到了问题——储能器偏小且液压缸管路过长，导致在分离瞬间液压杆快速移动，液压油得不到快速补充。问题明确后，解决方案也随之确定：增加 4 个储能器，并将其直接安装到油缸上，取消中间管路。设备研制方大力配合，仅用两个星期就拿出了新设备，测试工作顺利开展。经过测试，重力平衡精度优于千分之一，响应时间小于 30 毫秒，完全达到了试验使用要求。从下达研制要求开始，经过 8 个月的努力，全新试验系统于 2014 年 5 月成功完成研制，各项指标均达到设计要求，为准确、有效开展分离试验提供了条件保障。

为了模拟月球温度场，攻关小组锁定的第二个研发目标就是基于大温差空间温度场模拟系统的高低温分离系统。月球轨道热环境与地球轨道热环境存在较大的差异，由于月球表面没有大气，因此月球红外辐射比地球红外辐射更为恶劣，加上嫦娥五号探测器的尺寸较大，舱体在月球轨道受到的温度分布复杂多变。现有试验系统无法模拟轨道器在月球轨道上的大温差状态。轨道器总体热专业主任设计师李鹏和设计师钟伟提出了常压环境大型航天器在轨温度场模拟方法。他们以大型高温低温试验箱为基础，结合区域性温控加热器和操作方便的多层包覆的分区联动温控方案，研制大型航天器空间温度场模拟系统；将轨道器舱体置于该试验系统中进行试验，可以对分离面附近舱体进行精确温度控制，在分离界面达到规定的温度要求时，立即进行解锁分离试验。通过该测试系统可以实现大型航天器在复杂温度场和零重力条件下的分离功能、性能及可靠性的测试和验证。经分离测试与评估，该方法实现了宽温度范围下分离速度和分离时间的全面高精度测试，温度场施加温差覆盖 200℃温差能力。

攻关小组连续作战，从试验方法到试验设备制造，再到试验设备投入使用，实现了"一条龙"的研发流程。分离试验捷报频传，跨度一年的分离试验圆满成功。

在分离试验中，轨道器分离机构分系统设计师采用了低阻尼快响应重力平衡系统，实现了空间失重环境的精确模拟和各分离参数的精确测量，提高了分离试验的有效性和准确性，构建了分离试验崭新平台。同时，在国内首次开发应用了大型航天器空间温度场模拟系统，实现了复杂空间温度场条件下的分离试验验证，取得了开创性的成果；采用创新的新型试验方法，实现了分离机构分离参数的全面、精确测量，在系统层面考核了分离机构的功能和性能，验证了分离可靠性。相关试验方法已经纳入上海航天技术研究院分离试验标准。这一系列创新成果为分离时序、分离机构机电热接口的充分验证提供了有力保障，也为分离功能及性能参数的全面测试和验证画上了完美的句号。

3.7. "软硬兼施"保障成功
——程序员心中的取样任务

在方案与初样阶段，设计师通过持续的技术攻关和试验确定了轨道器硬件设计，让轨道器拥有了强健的"筋骨"和"体魄"。另一支设计师团队，则肩负着为轨道器注入智慧"灵魂"的使命。由于轨道器采用了综合电子模式，因此软件功能相对集中。例如，在综合电子分系统最复杂的一台单机中，需要同时实现指令解析与分发、遥测采集与分包、总线数据传输与控制、加热回路控制、数据存储与控制、数据备份与恢复、下位机切机控制、轨道器程序控制等一系列复杂的功能。长期以来，如何打造高效简洁的轨道器软件系统，赋予轨道器"聪慧大脑"，一直是轨道器软件研制团队面临的难题。

鉴于轨道器各单机之间功能耦合紧密，软件设计难度较大，在方案设计之初探月工程项目办就高度重视软件设计工作，特别组建了软件研制团队，与轨道器其他分系统并列，并设置了软件主任设计师岗位，全面负责轨道器软件设计工作。经过方案阶段综合立项论证和关键技术攻关，轨道器软件研制团队探索性地提出"两驾马车"并行的策略，以构筑稳定的轨道器软件系统平台。

第一驾马车是"软件总体技术管理"。轨道器研制是上海航天技术研究院首次承担的探月总体型号任务，任务之复杂前所未有，软件产品安全关键等级全部为最高等级 A 级，因此，轨道器软件技术管理任务艰巨、使命光荣。软件研制团队的设计师线上、线下随时随地交流学习、共同成长。除按计划开展软件关键节点的评审确认外，软件研制团队还定期组织软硬件技术交底会，邀请同行专家进行代码走查，并开展多家多轮的软件第三方测评等专项活动。最终，在 2016 年底完成全生命周期的软件工程化工作，具备了软件专项出厂条件。在轨道器贮存期间，软件研制团队继续组织各研制单位开展任务需求的复核与软件健壮性确认等工作，最终轨道器软件在轨表现优异，运行稳定。

第二驾马车是"软件系统设计"。轨道器软件系统不但肩负着轨道器单个器的数据管理，还承担着探测器系统各器间的数据路由与交换任务。软件研制团队的设计师带着轨道器软件的"诉求"，每半个月与探测器总体进行一次技术协调，经过半年的持续协调，最终与各方就软件系统通信规程达成了一致，制定了轨道器 1553B 总线通信协议这张大脑"神经网络"，为后续轨道器软件系统的协同运行奠定了技术基础。

完成了软件系统设计后，便是各个单机软件的具体实现。轨道器超级大脑——系统综合管理单元上位机软件，是总体所首个需要采用 C 语言编写的数据管理软件，从 CCSDS（Consultative Committee for Space Data Systems，空间数据系统协商委员会）建议协议到编译器，再到业务需求，这些都是新技术。如何跟得上研制进度，如何有效保证质量，在当时面临着很大的挑战。经过软件设计师的集思广益，最终确定从 CCSDS 协议、SPARC（Scalable Processor Architecture，可扩充处理器架构）芯片底层支持等基础的技术点入手进行研究，通过紧靠业务需求的迭代开发，逐步构建了完整的专业技术体系。在这个过程中，贺彦博、彭立章等设计师设计了横向分层、纵向分组件的软件架构，探索了基于图灵机原理的第一代程控引擎，实现了探测器各器数据的灵活调度。经过长期摸索与实践，软件设计师深刻理解了什么是 AOS（Advanced Orbital System，先进轨道系统）协议，掌握了如何把遥测调度算法优化到极致，很多技术创新都是在研制过程中不知不觉完成的，为轨道器贡献了优秀的软件设计。

在软件研制的过程中，软件设计师遇到了硬件资源到位慢、测试环境效率低、测试人员消耗大等问题，更要面临在测试现场进行大量代码升级的现实困难。为了解决这些问题，贺彦博自主研发了第一代虚拟化测试环境，研发了数字化的双备份星载计算机，模拟了星载总线工具链，实现了半自动化的软件测试，基于这个测试环境，开展了大量的软件测试工作，保证了软件研制工作的进度和质量。以这套软件测试系统为起点，软件设计师为后续型号开发了一系列更加强大的虚拟试验环境，并为用户开发了航天器模拟系统。当轨道器最终发射升空、执行飞行控制（以下简称飞控）任务时，软件设计师看着遥测数据源源不断地传回地面，指令顺利地逐条执行，产品工作正常，心中充满了成就感。

对接与样品转移机构的神经中枢——DMU(Docking Management Unit, 对接综合管理单元)软件的研发更是充满了挑战。DMU软件的核心功能是完成对接与样品转移机构的控制，并实现遥控指令转发、遥测数据收集和部分热控等功能。交会对接和样品转移均是核心任务，容不得半点差错。对接与样品转移机构是一个机电一体的复杂系统，深空工作环境复杂，关键时刻地面也难以及时干预。如何确保在轨万无一失，成为摆在软件研制团队面前的一道难题。在需要"保守"的地方"保守"。软件运行的CPU（Central Processing Unit，中央处理器）选择了抗单粒子能力比较强的单片机80C32，所有长周期运行的数据均做了三取二保护机制。虽然牺牲了部分运算性能，但可以有效减少单粒子翻转带来的隐患。在需要"激进"的地方"激进"。在关键功能上引入智能理念，使软件在轨能够实时检测故障，并自主采取故障处理措施。例如，在对接过程中，能够自主检测过流故障、旋变故障和超时故障等，并自主采取相应的故障处理流程，做到一重故障保任务，两重故障保安全。在需要创新的时候勇于创新。针对单片机80C32运算性能较低的问题，软件研制团队在理论分析和仿真计算的基础上，提出并实现了基于智能管理的直流无刷电机直接位置控制算法，既巧妙地减少了多电机控制的实时计算量，又在确保可靠的基础上实现了控制性能。在需要谨慎的时候格外谨慎。为了确保软件的可靠性，既离不开可靠的设计，也需要可靠的测试。软件研制团队谨慎对待每一行代码，慎重对待每一次更改。除了传统的单元测试、组装测试和配置项测试外，还引入了两家第三方测试机构开展背靠背的评测。软件设计师深入参与验收测试和系统联试工作，将历次测试结果进行趋势分析，确保环境的变化不会引入软件设计中未考虑到的问题。

机构控制的中枢——DIU（Data Interface Unit，数据综合接口单元）控制软件的研制也是一段难忘的经历。程云龙带领软件研制团队首次真正直面重大工程类软件的研制工作，从一开始就面临探测器总体需求划分不确定，导致硬件芯片不确定的困境。太阳翼驱动电机、天线驱动电机如何控制？由谁来控制？是否需要闭环计算？为此，软件研制团队多次与探测器总体、轨道器总体、GNC分系统多方协商，沟通确定了需求。他们积极主动地与每个单板硬件承制方沟通使用方法，与轨道器分系统协调软件功能分解及指标要求，与各方协商通信和机构控制协议以及太阳翼和天线机构驱动控制要求等细节问题。后来，DIU控制软件这个项目成为了总体所GJB5000重点项目之一，历经多次检查，专家都给予高度评价："你们这个任务书需求理得很细，很到位"。在交付后那漫长的等待发射的日子里，软件研制团队又体会到了重大工程的严谨与细致，不断地复查，制定各项故障策略，确保做到万无一失，严慎细实。当宣布嫦娥五号任务圆满成功时，软件研制团队激动万分，为有机会参与此重大工程感到无比高兴和骄傲。

推进系统服务软件——PEU（Propulsion Electronic Unit，推进综合管理单元）软件在嫦娥五号轨道器的在轨运行中发挥了重要作用。嫦娥五号轨道器在轨运行时，其间需要进行数十次变轨、姿态调整和轨道调整。PEU对推进分系统发动机和管路的热控管理是圆满完成任务的关键。PEU软件是嵌入在推进舱综合管理单元中的软件，全程参与轨道器在轨工作，其热控管理功能可控制 93 路加热器，涉及 5 种控温策略以及 100 多路热敏传感器的监视和管理。由于嫦娥五号是个全新的系统，热控方案在不断迭代，其控制软件在设计时面临需求不断改动、需要经常打补丁的问题，这导致软件复杂程度急剧上升，而可靠性却变得越来越差。航天人绝不允许任何"不可控"的事情发生。为了解决这一问题，该软件设计师熊四军、邢坤等在开展软件架构设计时展现了航天人"特别能攻关"的精神风貌，并基于常年的经验积累和创新思维提出了"表格化、模块化、任务化"的热控管理"三化"实现方法。将热控参数表格化处理后，由于热控管理中涉及的安全阈值、控温阈值、热控策略标识等参数需要随热控方案及硬件单机进行更改。因此，通过修改表格参数即可避免软件代码的更改，将热控策略进行模块化设计后，软件中的热控策略相对每一路控温回路是独立的模块单元。模块化的好处是可以像积木一样，随用随取，测试简单且验证充分。将热控管理任务化处理后，对热控管理作为一个独立的任务来执行，当轨道器总体热控方案发生变化时，只需要调整热控管理任务相关的代码和参数设置即可，而不会影响其他功能模块的正常运行，实现了软件功能模块的解耦设计目标。PEU 软件从初样阶段到正样交付，都以"四两拨千斤"的方式从容应对各类需求变化，在轨工作期间，执行热控相关指令百余条，无一错误，交出一份完美答卷。

第 **4** 章

十年磨剑，三年淬火
——正样砺成

如果说方案阶段是论证的基石，初样阶段是定型的关键，那么正样阶段就是生产和测试并最终让产品翱翔天际的最后冲刺。

正样阶段的重心不再是研发，而是转向了研制、质量管控以及最终的测试验证。正样阶段工作的目的只有一个——那就是在规定的时间内，严格控制质量，确保产品能够顺利飞行。从初样阶段的手忙脚乱到正样阶段的从容不迫，轨道器研制团队的每一位成员都脚踏实地，与型号一同茁壮成长。嫦娥五号探测器出厂前夕，因不可抗力无法按期发射，只得进行长期贮存，这一存就是 3 年。7 年的研制历程加上 3 年的贮存时光，当初青涩的小伙子愈发成熟稳重，他们的脸上多了几分担当与坚毅；而那些年轻的姑娘，如今已身为人母，在工作中全力以赴的同时，生活中也增添了甜蜜的负担。在这个过程中，有人因各种原因离开，也有新人加入，但这个团队始终凝聚一心，他们的心始终向着那遥远的月球。历经 10 年的风雨兼程，还是这支坚韧不拔的队伍，一直守护着轨道器，让嫦娥五号月宫取宝的梦想最终照进了现实。

4.1. 天南海北分布的深空测控网
——行程万里的天地对接试验

形象地说，嫦娥五号轨道器测控数传分系统就如同其"耳朵"和"嘴巴"，"耳朵"的功能是将地面测控站发送给轨道器的控制指令"收"进来，"嘴巴"的功能是将轨道器的状态遥测参数、图像数据以及辅助测距测速的信号"说"给地面测控站 / 应用站。

轨道器与遍布大江南北的地面测控站 / 应用站之间的通信，是完成嫦娥五号探测器在轨监控及图像回传任务的关键所在，因此验证两者之间的接口状态正确性与协调性自然成为了开展天地测控对接试验的目的和内容。

2016 年 8 月，在轨道器总指挥张玉花、总师查学雷的精心策划下，轨道器正样对接试验分队成立，轨道器副总师李天义任分队长，队员由轨道器测控数传分系统、综合电子分系统相关设计师组成，在之后的 3 年中，分队队员跟随嫦娥五号探测器对接试验队，辗转于国内 9 个地面测控站 / 应用站以及欧州航天局的站点，累计时间长达 120 天，行程超过 4 万千米。这次对接任务是上海航天技术研究院近年来规模最大、时间跨度最长的一次。

▲ 试验队员在国内测控站对接

对接覆盖的测控站 / 应用站包括远望五号测量船、远望七号测量船、喀什测控站、佳木斯测控站、密云应用站、上海佘山应用站、青岛测控站、昆明应用站、乌鲁木齐测控站以及在德国的 ESOC（European Space Operations Centre，欧洲空间操作中心）地面测控站。国内站大部分都分布在祖国的偏远地区。每一次出发，都需要试验队员携带与正样同状态的产品和地测设备，跨越山川河海，抵达地面站所处地，在那里，他们开展与地面站的测控数传收发设备之间的接口联通、收发信号模拟对通等试验，对正样在轨相互通信的状态进行地面模拟和接口正确性验证。

西部的漫漫戈壁——喀什

喀什测控站位于祖国的西部边陲，临近中国与巴基斯坦边境，试验队每次去喀什测控站对接都是名副其实的"东西大迁徙"，从祖国最东部出发，经历 5 小时飞行先抵达乌鲁木齐，再转机飞行 2 小时到喀什，最后还需经历 3 小时多的汽车颠簸，才能抵达目的地。在嫦娥五号整个研制过程中这样的迁徙经历了 3 次，2015 年初样阶段对接，2017 年正样阶段对接，以及 2019 年因为测控站地面测试设备升级而再次进行对接。

喀什测控站隐匿于茫茫的戈壁滩中，几座巍峨的大天线在杳无人烟的戈壁滩和远处因盐碱而泛白的孤山衬托下，显得既孤独又高大。这里地处偏远，气候恶劣，测试条件艰苦，试验队员每次都会在封闭的测控站大院里工作 20 天左右，早些年手机和网络信号全无，个人物资短缺时，只能依靠队友间的相互帮助，大家笑称来这里就像是进行一场"闭关修炼"。对接试验进度非常紧张，经常加班到夜里 12 点以后，秋冬季节的夜里，试验队员待在大天线下面的地下室开展试验，阴冷难耐，这时站里提供的厚实军大衣成为大家心中最温暖的回忆。

北方的幽静山林——佳木斯

佳木斯测控站位于祖国的东北边陲，隐匿于茂密的林海深处，从远处望去，人们都难以察觉在这样一片林海深处，隐藏着一双凝视璀璨星空的"慧眼"。每天当测试任务完成后，已经是夜深人静之时，试验队员踏上归途，仰望透彻清新的山巅夜空，只见群星璀璨夺目，巨大的天线巍然矗立，沐浴在银河的余晖之下，令人心生敬畏。北斗七星横亘天幕，微凉的夜风轻拂过肌肤，远处宿舍的点点灯光和星光交相辉映。在这宁静的夜晚，偶尔传来几声护院的犬吠，更添一份安心。就在这与世隔绝却又有着绝美星空的地方，试验队员沉下心来，按部就班地联调设备、对接测试、判读数据；换一个工况再测试、再判读。正是这份踏实肯干与隔绝喧嚣的平心静气，让试验队员在日复一日的平凡工作中，为嫦娥五号探测器天地链路成功对话奠定了坚实的基础。

世外桃源——上海佘山应用站

上海佘山应用站坐落于上海松江区佘山脚下，掩映在一片郁郁葱葱的桃园之中，与其他测控站相比，这里的风景如画。试验队员本以为在家门口的佘山应用站执行对接试验任务会是件轻松惬意的事情，然而，事实并非如此。工作地点位于高耸的塔架上，要到达那里需要爬上一段狭窄、陡峭且镂空的台阶，即便是空手攀爬也需要格外小心，更何况还要负重前行。对接试验队携带的产品及测试设备有十多个重达 40 千克的大箱子，只能依靠试验队员化身为"搬运工",搬运至塔顶。8月的上海,酷暑难耐,在陡峭、狭窄的阶梯上,两名队员负责一个大箱子,前面的队员弯腰拉,后面的队员奋力扛,每一步都显得异常艰难。好不容易将箱子一一搬到塔架上,队员们个个汗流浃背,气喘吁吁。"体力这么差,以后得加强锻炼""搬不动箱子的设计师不是好的设计师",大家相互调侃着,用这种方式来缓解劳累。正是这种在艰苦中寻找乐趣的豁达心态,激励着航天人克服重重困难,勇往直前,实现了一个又一个目标。

来不及倒时差的测试——ESOC 地面测控站

嫦娥五号探测器发射及回收等关键环节需租用欧洲航天局下属的 ESOC 的地面测控站辅助测控,为了验证该测控站与嫦娥五号探测器的接口正确性和匹配性,探测器对接试验队于 2017 年 7 月 20 日至 8 月 5 日前往德国达姆施塔特的 ESOC 地面测控站进行对接试验。

轨道器对接试验分队有 5 人参加此次对接任务,从上海搭乘飞机,于北京时间凌晨 1 点起飞,历经近 12 小时的飞行,于当地时间 6 点抵达德国法兰克福。飞机落地后,队员们顾不上休息,又马不停蹄地赶往距离机场 30 千米的 ESOC 地面测控站,在当地时间 8 点前抵达 ESOC 地面测控站,办理完出入证刚好赶上对方的早班会。为了确保当天测试计划顺利完成,所有试验队员没有休息,均坚守岗位,到达现场后,他们依次小心地开箱、清点产品、有序地展开设备、仔细核对操作指令、认真判读数据,圆满完成当天全部测试工作。此时距离从上海出发已过去 24 小时,算起来大家几乎整整 36 小时没有休息。试验队员守时敬业、一丝不苟的工作精神,给外国友人留下了非常深刻的印象。到对接试验结束，中方团队和欧方团队已结下深厚的友谊，他们对我们竖起了大拇指，称赞道："你们是勤奋的，更是专业的测控队伍"。

▲ 试验队员在德国达姆斯塔特欧洲空间操作中心

在整个测控对接试验中，轨道器对接试验分队充分发扬了团结协作、艰苦奋斗、严慎细实的精神，克服了试验工况多、试验场所多、设备拆装多、转场环节多等复杂情况，以及旅途劳累和环境恶劣等不利因素，始终保持着高昂的斗志和严谨的态度。

4.2 一丝不苟保进度
——计划时光的人

嫦娥五号轨道器由上海航天技术研究院探月工程项目办与中国空间技术研究院探月三期项目办共同进行矩阵式管理。上海航天技术研究院内部始终秉承"计划不在院内误点、质量不在院内误事"的原则，以激励自我，督促工作。

型号研制的计划管理，核心在于满足产品质量要求的前提下，在规定的时间内组织有限的资源完成既定的任务。工作的主要思路是：要有统筹的策划，编制详细的计划；通过充分的沟通协调，扎实地推进工作；过程中有力把控进展，实现任务的圆满完成；最后要总结经验、提高水平，为后续计划管理提供借鉴。就是一年一策划，一季一考核，一月一例会，一周一调度。这体现在每一项责任令、每一张流程图、每一份工作分解表、每一个里程碑节点之中。

探测器总指挥兼总设计师杨孟飞一直倡导在计划管理中运用"科学管理原理"，做到"做事有依据、做事按依据、做事留记录"。第一，要根据国家任务规划的主要里程碑事件点，开展顶层全周期工作策划，明确各阶段工作目标和里程碑计划；第二，要结合自身研制情况，按型号技术流程，执行各阶段研制工作分解表；第三，要结合各单位实际情况，将型号各阶段工作计划、年度责任令及考核节点详细分解并下发各单位执行；第四，要针对突发事件、专项工作、关键项目编制专题计划，细化到天、小时甚至分钟，并指定专人负责推进。

里程碑计划的制定要依据国家任务规划，探测器型号研制阶段计划的制定要依据研制技术流程，年度考核工作计划的制定要在型号研制计划的基础上结合各单位情况具体分解，各专项计划一定要针对项目执行文件的内容进行细化分解，这样计划才能目标明确、层次分明、合理可行。有了明确的计划后，就要严格地按计划推进工作，协调资源、采取措施、解决过程中的问题。首先，要协调各参研单位配合，安排人员、场地、物资等开展工作；其次，要抓关节工作，即上下家衔接的地方和有交叉工作的节点，协调促进工作顺利进行；最后，对于重要事项要全力跟进，确保万无一失。在计划产生偏离的情况下，要通盘考虑，深入分析对后续计划的影响后，再决定如何处置，将风险控制在可控的范围内。

嫦娥五号探测器系统在发射场的操作测试多，环节复杂。为此，在进入发射场之前，在北京开展了发射场全流程演练，涵盖了操作、测试、文件、人员等多方面。按照探测器总指挥兼总设计师杨孟飞的要求，发射场所有的调度计划都根据在北京的演练情况进行精细化编排，保障两者在操作顺序、时间要求、人员调度等方面完全一致。在发射场 4 个月的工作时间，要求提前一年完成计划安排，时间精确到天，这对调度系统提出了极高的要求。如何完成这一任务？没捷径可走，也没有任何推测的余地，唯有跟着演练项目一点点记录。每道工序的时间、人员、任务量，每次测试的开机和关机时间、每个岗位需要的测试人员数量、每个报告的完成时间、每次审查后的待办事项预留时间等都需详细记录。调度人员和设计师共同努力，随着演练的推进，发射场的工作程序、时间、人员物资调配逐渐清晰起来，终于按照要求完成了发射场所有的计划流程。事后验证，这个计划流程的各个时间点与实际操作相比，的确做到了精确到天。

4.3. 风雨兼程赴北京
——正样器的北上之路

随着轨道器正样产品生产、总装和测试工作的顺利推进，2016 年，轨道器迎来了一个重要节点——启运北京参加探测器综合联调联试。正样产品关系到整个任务成败，运输环节必须确保安全。航天器的运输一般采用铁路运输或空运，轨道器产品尺寸较大，国内伊尔 -76 运输机无法承载，而运 -20 运输机在当时尚处于试飞试用阶段，不能承担国家重大任务的运输。如果租用国外安 -124 运输机单独运输轨道器，无疑会造成资源浪费。

摆在轨道器研制团队面前的选择有两个，一是铁路运输，二是公路运输。他们从运输周期、振动环境、运输流程、保障条件等方面对两种运输方案进行了详细论证。铁路运输的好处在于整个行程较为稳定安全，但是轨道器在初样阶段并没有经过铁路运输验证；而且，即便采用铁路运输，也需在北京昌平站转公路运输至中国空间技术研究院的探测器测试厂房，增加了接驳和起吊环节，风险随之增大。公路运输虽有初样 3 套产品的运输经验，但路况复杂，如何确保"洁身自好"，规避风险，成为最大挑战。在运输方式选择问题上，探月工程项目办先后召开了 3 次院级大会，综合考虑运输风险、初样运输经验及轨道器交付时间节点等因素，最终决定采用公路运输方案。

2016 年 7 月 24 日，在总体所牵头下，总装厂配合完成了轨道器包装箱功能及性能检查，对两个包装箱的温度、压力、湿度传感器、风机和空调进行了最后环节的确认。紧接着又完成了轨道器 3 舱装箱状态的检查确认工作，静待起运。7 月 26 日，装车工作如期进行。恰逢当年上海首个超过 40℃的高温日，全体装车人员战高温斗酷暑，尽管大家大汗淋漓，却群情激昂，分秒必争，仅用一个上午就圆满完成了装车、紧固、状态设置等一系列发车准备工作。

此次运输由轨道器总指挥张玉花亲自担任总负责人，并全程跟车押运，各厂所负责人也都随车同行，足见此次运输任务之非同寻常。13:30，随着张玉花总指挥的一声令下："目标北京，出发！"运输车队车轮滚滚，浩浩荡荡地踏上了征途。前方由警车开道，产品车居中，地面设备车紧跟其后，保障车断后，一支庞大的运输车队驶出厂房。

▲ 出征动员

车队就此顶着骄阳，冒着高温，跨长江、越黄河，一路直奔北京。运输车队沿途先后经停江苏大丰服务区、山东青州服务区、天津王庆坨服务区，各省市分别派出警力护送，确保了国家重点工程项目产品的安全进京。负责监控的设计师，昼夜不息坚守在驾驶室内，随时监测包装箱内的温湿度，调整空调、风扇和压力，为产品营造一个舒适的环境。总装厂操作人员一路检查包装箱、罩衣、氮气瓶等固定状况。白天，阳光炽热，航天人驾车在高速公路上疾驰；夜晚，蚊虫肆虐，却挡不住追月人的执着脚步。

历经三天三夜，途经5省市，车队顺利抵达中国空间技术研究院总装与环境工程部。卸车后经过细致检查和测试，轨道器状态一切良好。

轨道器进京"赶考"之旅顺利开启，迎来了良好的开端。

4.4. 抱爪的反转之谜
——不留疑点，只有真相

2016 年 9 月 8 日，对接机构与样品转移分系统研制团队在天津做交会对接专项试验过程中，由于对接工况的初始条件设置错误，抱爪机构急停，捕获失败。试验队员在数据回放及分析过程中发现一个不可思议的现象——抱爪机构在锁紧过程中竟然发生了反转。

尽管抱爪机构只是反转了微小的角度，但是对接机构与样品转移分系统研制团队高度重视。在方案和初样设计阶段那么多次试验中都没有观察到这个现象，这次生产的试验件究竟出了什么问题？如果在飞行过程中依旧存在反转的隐患，反转的角度会不会增大？会增大到什么程度？会不会影响对接抓捕动作？带着这么多疑问，研制团队立即组织机构设计、电路设计、仿真分析 3 方开展分析工作。机构设计师认为对接机构的抱爪设计继承了神舟飞船对接机构的单向传动机构，原理成熟、可靠性高，根本不存在反转的机理；电路设计师认为抱爪驱动电路继承了嫦娥三号巡视器的电路设计，每个芯片、每个电路都经过了在轨验证，从软件控制角度来看，不可能发出反转指令；仿真分析人员设计了诸多故障工况，遍历了各种对接极端工况，也没有发现抱爪反转的现象。事件似乎陷入了僵局，大家都感到困惑不解，并开始对其他专业的分析产生怀疑：是不是对方的分析有所遗漏，是不是对方忽略了某些不起眼的细节？在多次头脑风暴的讨论会上，大家争论激烈，谁也不能说服谁。争论归争论，大家最终的目的还是解决问题。于是集中起来再次对发生反转的抱爪进行测试，模拟各种正常和故障下的对接工况。蹊跷的是，异常现象似乎像在玩捉迷藏，再也没有出现过。设计师只好继续反复查阅图纸、电路、生产和总装工艺、原始记录和测试数据，进行追踪和溯源，并未发现任何设计不合理或安装不到位的地方，每一条记录、每一个数据都合情合理，难道这仅仅是工况设置错误造成的抱爪异常工作的特例吗？研制团队彻底陷入迷雾中，对异常现象的分析似乎走进了一条死胡同。

　　带着疑问和不甘，对接机构与样品转移分系统研制团队继续按照原计划开展后续工作。8 个月后的一天，在进行抱爪性能测试时，在电机过流测试工况下，反转的异常现象再次发生。这一刻，研制团队每个人都警醒起来，同样的现象又出现了。关键时刻，设计师王卫军挺身而出。他是一个有心人，也是一个细心人，结合两次的现象以及在之前长期排查的基础，有一个想法在他心里慢慢成形。经过数天的精心计算和分析，王卫军越来越自信，认为自己的想法应该是正确的：虽然机构继承了成熟设计，但由于单向传动机构存在空回程，当抱爪的单向传动机构输出轴被加速超过一定速度阈值，受载过大时，确实会导致单向传动失效。正是这个想法，彻底推翻了之前机构设计师认为单向传动机构不可能发生反转的看法，让研制团队豁然开朗，深刻体会到了"吾生也有涯，而知也无涯"的道理。随后，整个研制团队沿着这个方向开展分析，对单向传动机构的传动环节进行了逐一识别，对每个空回程进行了反复计算和校验，最终彻底揭开了抱爪反转的谜团。

　　正是研制人员的坚持不懈，最终抓住了问题的源头和实质，使得攻关有了明确的方向和目标，历经数月，终于真相大白，让轨道器的飞行不带隐患。

4.5. 一波三折的联合转移专项试验
——绕不过的困难，就解决它

　　月壤样品被上升器从月面带上月球轨道后，需从上升器经由轨道器对接机构形成的样品转移通道，最终转移至返回器。样品转移任务涉及探测器的3个器的配合，路径长且接口复杂。

　　在初样阶段，对接机构与样品转移分系统研制团队就自主研发了整机特性测试台，开展了各种工况下的样品转移试验。然而，分系统主任设计师郑云青凭借自己多年的型号研制经验，认为仅仅在分系统层面上开展转移试验是不够的，通过测试覆盖性分析，她更坚定地要求进行对接与样品转移机构、样品容器、样品舱和DMU等所有相关产品参与的联合试验，以对全流程进行完整的验证。起初，探测器总体研制团队认为，在各方接口文件明确的条件下，开展联合转移专项试验的必要性不够充分。但在轨道器总体方与分系统研制团队的反复劝说下，探测器总体研制团队终于答应配合开展联合转移试验，并提供了月壤样品容器和样品舱实物产品。傅丽佳作为样品转移联合试验负责人，开始了长达5个月的样品转移联合试验。事实证明，联合试验的规划极具前瞻性，在5个月的试验中，虽然问题频出，但收获颇丰，为在月球轨道上的完美转移打下了坚实基础。

　　在样品转移联合试验尚未开展之际，傅丽佳拿到样品容器的瞬间，惊奇地发现样品容器模拟件的导向条倒角比技术要求规定的值放大了5倍，导致样品容器的直径比技术要求规定的值增加了3毫米。初步评估后，对接机构与样品转移分系统研制团队还是决定用这个容器开展转移试验。无论条件如何艰苦，能够把试验先跑起来就是胜利。就这样，研制团队从 2016 年 7 月开始了极为不顺利的第一阶段样品转移联合试验。

2016 年 7 月 12 日，试验还没做几次，在转移过程中就发生了样品容器卡滞的故障。傅丽佳立刻对卡滞部位进行检测，发现样品舱内的固定装置锥杆没有正常进入样品容器侧面的限位孔中，而是直接顶到了样品容器的底面。通过计算，傅丽佳确定了故障原因就是导向条倒角过大，导致固定装置锥杆没有及时进入限位孔，运动导向功能失效。问题虽然清晰了，但傅丽佳有些气馁，想要停止试验，等产品返修后再继续。这样一来，就只能坐等样品容器的试验件返工。对接机构与样品转移分系统研制团队经过讨论，认为好不容易有了一个正式的样品容器，应该充分利用它来发现问题。毕竟，联合试验的目的就是发现问题并解决问题。于是，他们再次启动样品转移联合试验。在后续的试验中，又发现了样品容器顶盖与样品舱导向块的边缘发生干涉等一系列问题。大家意识到，以前停留在图纸上的设计看似匹配，但是在这么复杂的机构配合关系中，还有很多空间尺寸匹配的问题需要额外考虑。在第一阶段的联合转移试验结束后，研制团队带着问题及解决措施向探测器总指挥兼总设计师杨孟飞汇报。主汇报人还没说几句话，就被杨孟飞打断了："不满意！"这如同一盆冷水浇在团队成员的头上，让他们一时失去了方向。但他们并没有因挫折丧失信心，而是迅速调整情绪，理清思路，决心彻底解决问题，不留疑问。

世上没有过不去的坎。对接机构与样品转移分系统研制团队决定继续做试验，而这一次，是更大规模的探测器级样品转移联合试验。这次试验是真正意义上的大型试验，也是傅丽佳第一次经历如此大场面的试验。对接机构与样品转移分系统主任设计师郑云青推荐她作为试验负责人，带领她讨论试验条件、讨论天上与地面的差异，最终明确了试验工况。在郑云青逐字逐句地把关下，傅丽佳制定了详细的试验方案。正式试验于 2016 年 9 月 18 日开始，持续了 10 天，完成 84 次转移试验。在第一阶段试验"失败"的基础上，各方将前期试验中发现的隐患全部排除到位，验证了更改的有效性、接口的匹配性、时序的正确性。正是这一次次地面试验的千锤百炼，一次次不畏失败的坚守，才有了在轨样品转移过程的完美表现。

嫦娥五号对接与样品转移机构研制时间从 2011 年到 2020 年，其间联合转移试验仅仅是千百次试验中的一个环节。10 年风雨兼程，10 年心无旁骛，对接机构与样品转移分系统研制团队足足做了 10 年试验，其中包括 661 次对接测试、518 次样品转移测试，以及无数次底层机构的试验与验证。正是一次次的矢志守望、坚守寂寞、不离不弃，最终保证了嫦娥五号无人采样返回任务的圆满成功。

4.6. 正样产品更改的航天速度
——不带任何隐患上天

2016 年 10 月，在北京，轨道器正样产品正如火如荼地开展着整器测试。在上海，对接机构与样品转移分系统的可靠性及故障摸底试验也在紧锣密鼓地进行着。26 日，对接机构试验件在总装厂进行故障工况摸底测试时，虽然机构正常完成了对接，但在测试过程中，电机电流突然飙升至 2.5 安，相比正常电流足足增大了 4 倍。对接机构与样品转移分系统研制团队立即展开排查，最终确定异常原因为抱爪机构圆盘外端螺钉头与底座上端内侧微动开关的压板之间的间隙偏小，在异常载荷及结构弹性变形的作用下，导致了运动干涉，进而引发了电流骤升。

▲ 设计师在检查对接与样品转移机构产品状态

　　此时，对接与样品转移机构正样产品已经交付，正在北京参加探测器电性能测试。虽然这个异常现象并非真正意义上的质量问题，只是存在概率极低的隐患，只有在对接初始条件超差时才会发生。正样研制周期极其紧张，如果对接与样品转移机构返回上海进行返修，势必影响探测器的研制进度。

　　对于一个出现概率微乎其微的隐患，到底要不要返修？轨道器研制团队的态度却异常坚定："返修，必须返修，决不能带任何隐患上天。"在对接机构与样品转移分系统主任设计师郑云青的带领下，研制团队分工协作：一方面迅速制定返修措施，同时开展举一反三工作，全面复核机构内部所有运动间隙；另一方面结合测试计划流程，沟通协调产品下器返修的时机。2016 年 11 月 26 日，对接机构与样品转移分系统顺利完成了正样产品的返修及返修后的各项功能性能试验，产品及时交还给探测器系统参加测试，未对测试流程造成任何影响。同时，他们还完成了机构运动部件 67 处间隙的复核，对于其中 30 处小于 1 毫米的间隙进行了详细的分析、计算和确认，确保不会出现运动干涉。通过一个月的努力，对接机构与样品转移分系统研制团队完成了产品的返修，消除了产品运动干涉的隐患，确保产品不带隐患上天。

4.7. 好事多磨的贮存时光
——3年窖藏，历久弥香

"900多天，产品历经两次贮存，仿佛一场长达3年的沉睡"，轨道器总体副主任设计师禹志感慨地说，"梦醒时分，我们等待那个美好的结果。"

2017年，轨道器研制团队已经完成了出厂评审，厉兵秣马、蓄势待发之际，却意外接到了整器贮存的消息。由于长征五号发射计划调整，探月三期任务被迫推迟。根据上级要求，轨道器随探测器系统转入贮存阶段。到了2018年，经过一年的贮存，当轨道器研制团队再次整装待发时，却又迎来了第二次贮存的消息。

两次发射推迟，让轨道器研制团队选择了沉着应对、守候成功，但守候并不等于无所作为。产品"窖藏"期间的提质"保鲜"成为主旋律。如何确保轨道器在贮存期间保持良好的状态，长期贮存后功能、性能是否依然满足要求，对于这支年轻的轨道器研制团队来说，无疑又是一个新课题。于是，贮存方案论证与寿命分析牵头工作便落到了轨道器总体副主任设计师禹志身上。为了做好轨道器的贮存工作，禹志多次奔赴北京，参与论证轨道器整器在北京长期贮存的方案可行性与具体实施方案；同时，他查阅了大量的标准规范、文献资料，并借鉴了天宫二号、嫦娥四号等型号的贮存经验。

经过对《卫星产品贮存要求》《长期贮存寿命评估方法研究》

《航天电子设备贮存寿命估计》等数十篇文献资料和标准规范的深入研究，禹志带领团队确定了影响贮存寿命的三大因素：一是贮存环境条件，湿度条件是对贮存寿命起决定性影响的因素，良好的环境条件可以延长产品寿命；二是产品生产工艺导致固有瑕疵，符合一般产品寿命浴盆曲线，可以通过增加测试频率来确保及时发现产品缺陷；三是产品的固有特性，例如接插件、继电器、轴承、密封圈等零部件具有使用寿命或明确的贮存寿命。根据影响要素分析结果，禹志牵头制定了轨道器贮存技术要求，明确了各类产品贮存的环境要求，并规定了每隔 3 个月进行一次加电自检测试，以便及早发现贮存过程中可能出现的失效情况。同时要求轨道器各分系统承制单位按照结构、机构、机电、电子、消耗品、火工品等不同类型单机产品、部组件或零部件进行寿命分析，识别影响贮存寿命和在轨工作寿命的要素。

轨道器研制团队先后确认了 10 个分系统 92 台 / 套单机中 320 余种非金属原材料，27853 个元器件，11 种金银镀层，2 种润滑镀层的贮存寿命，以及 547 个接插件的插拔次数，4 台机构产品运动次数。经确认，上述材料和动作次数寿命均能满足 2020 年年底发射的要求。复查报告厚达 200 多页，其中每一个数据、每一个证明都经过了原始记录的查证。

寿命分析只是贮存工作中的一部分，而确保贮存期间产品实物状态和测试状态同样重要。为确保产品贮存期间状态受控、自检测试安全，轨道器总体方牵头制定了 25 张数百个项目的状态检查表格。在长达 3 年的贮存时间里，轨道器设计师每 3 个月就要前往北京贮存现场进行检查。同时，贮存期间，综合测试团队每 3 个月对轨道器整器进行一次加电测试。他们用认真与坚守，用一个又一个数据证明了轨道器贮存期间的性能稳定。

▲ 贮存期间轨道器综合测试团队定期测试

　　第一次贮存期结束后，轨道器研制团队按要求开展轨道器推进分系统检漏工作。在检漏过程中，发现 150 牛发动机漏率超标。轨道器总体方配合探测器总体方和推进分系统方对此进行了分析、定位和更换可行性的论证。探测器总指挥兼总设计师杨孟飞权衡利弊后，决定更换出现问题的发动机。更换发动机是一项艰巨的任务，因为发动机更换涉及轨道器舱体总装工作，影响多个分系统的产品状态，影响面广，技术难度大，且可能引入次生故障。但轨道器研制团队迎难而上，为了确保发动机更换操作的正确性与安全性，轨道器两总决定利用热控器进行一次实战演练。演练结束后，探月工程项目办又组织大家对发动机更换实施方案、热控改装、热控返修、发动机返修工艺进行了评审。评审通过后，最后在正样飞行产品上实施更换。2019 年 3 月，推进分系统研制团队在轨道器总体方和多个分系统研制团队的协助配合下，圆满完成了漏率超标发动机的更换。经测试，更换后的发动机漏率满足要求。为确保不带隐患上天，轨道器研制团队又完成了一项重要工作。

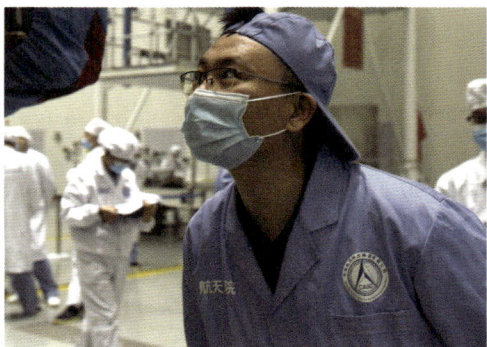

▲ 轨道器贮存期间设计师检查产品状态

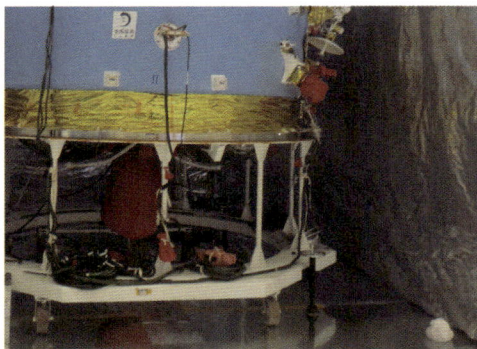

▲ 轨道器整器贮存

在 3 年贮存时间里，轨道器研制团队用实战成绩和沉甸甸的数据，证明了轨道器功能性能未下降，确保可以随时执行发射任务。其间虽然各种事务庞杂，定期检测项目繁多，甚至经历了像更换发动机那样具有很大风险的事件，但凭着航天人的责任与担当，一切都平稳度过。

3 年，漫长的"窖藏"，只为了历久弥香的发射时刻。

4.8. 追求完美的演练操作
——熟能生巧，静待绽放

在轨道器贮存的时光里，研制团队无时无刻不在等待着启封，无时无刻不在准备着进驻发射场。大家在思考着如何保障贮存质量的同时，也在思考着如何保障轨道器在发射场的操作和测试更加顺畅和高效。

在发射场的工作，归根结底就是总装和测试两件事。总装就是把分散运至发射场的轨道器重新装成一个整体，并与其他 3 个器组合成探测器组合体。测试则是随着总装的一步步推进，分阶段对轨道器加电进行检测，验证每一个总装步骤完成后，轨道器内部的电气连接和电气功能是正常的。如何保障总装和测试的顺利进行呢？"熟"方能生巧，让总装和测试人员对即将进行的工作项目烂熟于心，是对发射场工作的基本要求。为此，探测器团队决定在贮存期间开展发射场工作"演练"，把发射场经历的测试和总装过程，在贮存阶段——模拟，并确保"演习"与发射场"实战"的人员、文件、流程一致。

轨道器总体团队梳理出尚未进行的器上操作动作，并策划借助实物逐一开展"演习"。2018年12月，轨道器总装团队在上海利用初样热控器开展主动件和顶板精测镜拆除以及推进分系统发动机精测镜拆除演练工作。2019年3月，他们又在天津总环总装测试厂房内进行了运载整流罩内操作演练、被动件精测镜拆除演练及加注工装补充验证3方面的工作。其中操作风险大的项目都经过了双人演练，并且记录了演练状态，确保发射场的所有操作岗位和状态设置与演练的状态一致。在整流罩内操作演练时，操作人员需要在面积不到0.25平方米的操作口内工作，由于操作内容复杂，操作人员需要长时间在狭小空间内保持操作姿势。作为主岗操作人员，秦春云主动请缨，猫着腰，像平板支撑运动一样跪撑在器表操作平台上，一套流程演练下来约9分钟，当他完成操作走下操作台时，衣服、帽子都浸透了汗水。他坚定的身姿，正是轨道器无数研制人员的缩影，他们迎难而上，以责任铺就成功之路。

操作人员枕戈达旦，事无巨细地演练，综合测试人员自然也不甘落后。2020年4月，轨道器迎来启封后的最后测试。清明刚过，北京的温度仍然较低，呼啸的寒风裹挟着沙尘，暂时吹走了旅途中积攒的睡意。综合测试人员甚至来不及去酒店安置，便拖着行李箱前往熟悉的测试大厅。交接工作、确认文件，再往后是做过无数次的测试前状态设置，他们熟练地绕着轨道器检查，一项项对着表格画钩确认。等一切准备就绪，紧接着就是熟悉的 24 小时不间断的模拟飞行测试。这一次的测试跟之前似乎一样，但是每个综合测试人员手上多了一样东西——发射场测试优化记录本，大家在测试和判读数据的同时，还要把这次测试当成是发射场测试，不断寻找漏洞。哪些地面操作还可以优化？发射前的设置是否还有漏项？哪个环节的飞行程序预留的判读时间不够？每个人都竭尽全力地完善着每一个测试环节，为了那一天的完美发射，再细致也不多余。6 月，综合测试副主任设计师谈寅发出最后一条指令，轨道器整器断电，这意味着所有演练结束。轨道器脱开了所有地面电缆，准备装箱启程。

　　演练虽然结束，但真正的"战场"在等着我们。

▲ 总装人员模拟整流罩内操作

第 5 章

回首艰辛来时路，
月宫梦圆苦后甜

2020 年，在经历了 7 年研制和 3 年贮存后，轨道器终于完成了出厂前的所有总装与测试工作，顺利通过探测器系统级出厂评审，出征发射场，蓄势待发。轨道器的研制历程充满了挑战与坚持，全体研制队伍为之付出了智慧、艰辛和青春，一路走来，上上下下同向同行，坚持了 10 年，此刻终于吹响了最后冲锋的号角。嫦娥五号任务是探月工程三步走的收官之作，意义重大，举世瞩目。在轨道器进场动员会上，各级领导要求全体参试队员要坚定必胜的信念，坚决贯彻"认真"二字，做好每项工作；要深自砥砺、笃定前行、不忘初心、再创辉煌。

嫦娥五号探测器发射场的工作周期长达 147 天，在中国航天史上创下了最长进场时间的纪录。经过 10 年的研制，轨道器试验队员普遍都已是三四十岁的家中顶梁柱，上有老下有小，他们

▲ 嫦娥五号轨道器进场动员会

▲ 轨道器试验队出征发射场

既要做好前方发射场的各项工作，也要安定好后方，得到家人的理解与支持。2020 年 7 月 3 日 7 时 30 分，轨道器的第一批试验队员出征，相关领导为试验队员送行。第二批、第三批试验队员分别于 7 月 7 日和 7 月 29 日奔赴发射场。

在这一年，嫦娥五号轨道器研制团队顶住了疫情影响，暂时放下家庭和亲人，奔赴中国文昌航天发射场，后又转战北京航天飞行控制中心（以下简称北京飞控中心），和轨道器一起经历了最终的考验，迎来了嫦娥五号的辉煌。他们守护了轨道器的一路平安，和探测器总体方及众多参研参试团队携手缔造了中国航天史上的首次月球自动采样返回的壮举。

5.1. 轨道器的守护者
——党员先锋的京沪往返路

2020 年，是嫦娥五号的任务年，十年磨一剑就看今朝。然而就在这时，一场席卷全球的疫情打破了所有人的平静生活。

再大的困难也无法阻挡我们"如期实现探月工程三期月球自动采样返回任务"的决心，这是目标，也是铁的纪律。航天人面对困难从不退缩，无论困难大小，都会勇往直前。探月工程项目办面对型号研制要求，统筹安排，明确了科研生产管理要求，科研生产进度分秒必争。

这时，传来一个振奋人心的消息，长征五号运载火箭已具备发射状态。嫦娥五号探测器需要即刻启封，开展总装和测试工作，完成奔赴发射场前的各项准备工作。轨道器研制团队听到这个消息，既喜又忧，喜的是贮存了 3 年的轨道器终于可以奔赴战场，忧的是轨道器在北京，研制团队在上海，总装和测试工作开始后，将有大量人员需要在疫情期间往返京沪出差。

轨道器的主管调度杜善亮为此开展了大量的协调工作，经过多方审批，终于协调好了出差许可。第二天，上海航天技术研究院运行保障部拿出了交通工具解决方案——上海航天技术研究院自己发往返京沪的大巴，每周一班专门运送京沪出差的人员。

解决了交通工具，还剩最后一个问题，派谁出差？设计师纷纷表示只要工作需要，排除万难，服从安排。轨道器型号两总给出了一条原则，关键时刻必须体现党员的先进性和骨干先锋带头作用，党员先上。首次出差的人员，安排的都是型号队伍骨干中的党员。经过探月工程项目办协调安排，2020 年春节后首批出差人员名单确定，胡震宇（党员，轨道器副总师）、杜善亮（党员，轨道器主管调度）、袁勇（党员，轨道器总体副主任设计师）带领党员先锋队踏上赴京之路。

2020 年 2 月 17 日 5 时 40 分，所有出差人员到达出发集合点，6 时整，第一班京沪大巴出发，目标，北京！

首趟大巴为后面的出差运作积累了丰富的经验，后续轨道器研制团队陆续组织了近 10 批设计师与测试人员乘坐大巴往返于京沪之间，所有人员均安全往返。轨道器在贮存后的测试与试验中的表现，与我们的防护工作一样优秀。经过在北京近 4 个月的测试与演练，探测器终于可以起运发射场，开展发射试验。

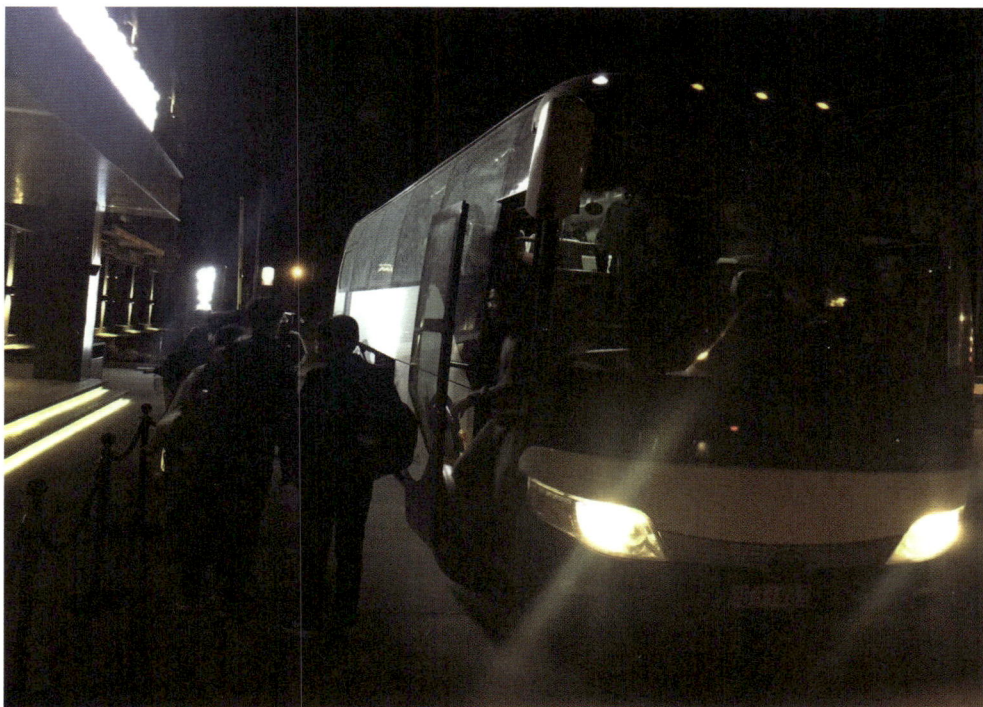

▲ 首批乘坐大巴赴京人员

5.2. 远征之前 48 小时
——不眠不休的装机工作

2020 年 6 月，轨道器在北京的测试工作全部结束，即将开展最后的状态设置和装箱工作。当时，正值北京疫情防控关键时期，轨道器主管调度杜善亮主动作为，认真规划前往北京行程，于 6 月 21 日提前奔赴北京，仅用不到一周时间便完成了进场前最后的准备工作。

轨道器进场，运输是总装设计师近年来压力最大的工作。当时，轨道器的所有产品均经过长达数年的总装、测试和考核，状态完好。轨道器产品与地面设备通过空运、铁路和公路 3 种运输方式运抵中国文昌航天发射场，任何一环出现问题都会导致型号灾难性的后果。特别是空运任务租用俄罗斯伏尔加第聂伯航空公司的安 -124 运输机。根据运输计划，7 月 8 日 3:00 运输车队从北京航天城出发，行驶约 45 千米，将轨道器运至北京首都国际机场；完成装机后，7 月 9 日搭乘安 -124 运输机飞行约 2700 千米降落在海口美兰国际机场；当天再从美兰国际机场经过约 80 千米的公路运输，最终抵达中国文昌航天发射场总装测试厂房，整个运输过程包装箱及运输车队均不能有任何故障和脱节。鉴于当时疫情形势，结合实际工作需要，轨道器型号两总决定只在北京留下精锐力量负责轨道器进场运输工作。2020 年 6 月底，轨道器总装主任设计师毛国斌和总装厂负责人顾华洋主动请缨留在北京，负责产品装机和押运。

2020 年 7 月 9 日，轨道器产品在北京首都国际机场起运。

这批运输的产品总计 20 吨重，大大小小一共 43 个包装箱，在当时世界排名第二大的安 –124 运输机上，占据了大部分空间。顾华洋带领 4 位操作人员负责北京装机操作，毛国斌负责技术指导和状态确认，共同完成产品的装箱、起运，并配合机组人员将产品吊装上飞机。

尽管面临多种困难，运输质量也必须保障。运输过程中需要连续监视包装箱的温度、湿度、压力、振动等数据，其中湿度和压力最为关键和敏感。由于在轨道器中大量使用了镁合金材料和二硫化钼机构润滑剂，因此对湿度极其敏感，一旦湿度超标，很可能导致产品失效。为了有效控制包装箱内的湿度，大多数包装箱内充入干燥氮气，但一旦包装箱内超压或产生负压就可能炸裂，导致产品受损。运输时正值夏季，昼夜温度变化、气压变化甚至车辆上下坡都可能会引起包装箱内压力剧烈变化。为了保证包装箱安全，毛国斌与押运人员需综合考虑包装箱贮存环境、室外温度、气压变化趋势等因素，及时、谨慎地设定包装箱的压力。押运人员完成铁路装箱后，立刻奔赴北京首都国际机场，一边操作一边记录。为此，总装人员经历了在北京货运中心高温下的装卸，经历了在北京首都国际机场和海口美兰国际机场挥汗如雨的操作。毛国斌在这段时间里 48 小时连续工作。后来，在发射场的他回忆起这段经历，感慨道："当时确实很累，但既然有幸参加这个能够载入中国航天史的伟大任务，这点小困难实在是微不足道。"

2020 年 7 月 9 日，安 –124 运输机降落在海口美兰国际机场，在大家一路的精心呵护与努力下，轨道器终于抵达其征途的起点——中国文昌航天发射场。

5.3. 发射场初体验
——暴雨中的火车站与盛夏的停机坪

经过总装人员的连续奋战，轨道器和地面设备分别通过飞机和铁路两条路线奔赴海南。同时，第一批抵达发射场的试验队员也已就位，严阵以待，精神抖擞地等候着轨道器的到来。

通过铁路运输的 16 套备份产品以及地面测试设备，共计15 个集装箱，于 2020 年 6 月 28 日从北京大红门火车站采用专列起运，7 月 4 日抵达海南海口火车站。在专列停稳前，看似一切顺利。然而，海南的天气瞬息万变，前一秒晴空万里，下一秒暴雨如注。试验队员正在卸货，倾盆大雨突然而至，大家来不及躲到运输车内，只能在火车底盘下避雨。如此暴雨，彻底打乱了卸车和运输节奏，直到 7 月 5 日凌晨 1 时 30 分，运输车队才将设备拖入发射场转载间。虽然有些累但试验队员依然坚持把产品全部整理完毕才去休息，那时已经凌晨 3:00 了。海南，这个风景优美的地方，在第一个任务环节就让试验队员苦笑不已。

▲ 在海口火车站卸车时遭遇倾盆大雨

2020 年 7 月 9 日，安 –124 运输机即将落地。在轨道器总师查学雷、副总指挥丁同才、副总师胡震宇的带领下，试验队卸机运输小队一行 14 人早早来到海口美兰国际机场，在机场内消防队附近的一角待命。

大家时不时望向天空，期盼着"大鹏"的身影能快些映入眼帘。上午 11 时左右，一个黑点由远及近越来越大，不知谁的一声"到了"，发动机的轰鸣声几乎同时入耳，装载着嫦娥五号探测器的"大鹏"从远处呼啸而来，并稳稳地降落在跑道上。

▲ 产品卸机

飞机打开舱门，接下来，卸机工作全面展开，这里成为接机人员忙碌的战场。时近正午，跑道地面温度已接近 50℃。在试验队副队长杜善亮的带领下，总体设计师禹志，工程部设计师刘祎石，总装厂工艺师陈登海，操作人员沈鑫、秦春云、金佳华、陈磊、朱春雷等，在炎炎烈日下有条不紊地开展产品卸机与装车工作。

本次卸机任务繁重，其中重头戏就是嫦娥五号轨道器两个正样舱体包装箱的卸机和装车。两个包装箱从飞机上卸下后，一前

▲ 流火的停机坪，炙烤的温度

一后停放在中国文昌航天发射场提供的平板运输车上。每个包装箱有两束近 50 米长，约 15 千克重的电缆。这两大束电缆由设计师禹志和刘祎石负责整理并连接到运输车自带的发电机与信息采集设备上，以便启动包装箱的控制系统，保证产品在运输过程中的温度、湿度与压力符合要求。确认包装箱的状态一切就绪后，禹志打开了包装箱电源和控制计算机，箱内温度显示为 27.06℃，符合要求，所有人都长舒了一口气。

特殊时期，对所有的接机人员都是严峻的考验，大家克服种种困难，仅用 4 小时就完成了轨道器所有产品和工装的卸机与装车工作。下午 4 时 30 分左右，运输车队缓缓驶出机场。又经过近 7 小时的公路运输，轨道器产品与工装于当晚 11 时 30 分运抵中国文昌航天发射场。

▲ 装载轨道器的运输车星夜兼程赶往中国文昌航天发射场

早已在发射场等候多时的轨道器青年突击队员抄起"家伙"就上，给产品包装箱和地面工装做清洁，确保产品一尘不染地进入总装与测试大厅。紧张的工作一直持续到次日凌晨 2 时，轨道器产品才完成卸车并进驻厂房，奔波劳累了一天的试验队员回到住处倒头就睡。

▲ 青年突击队员清洁产品包装箱

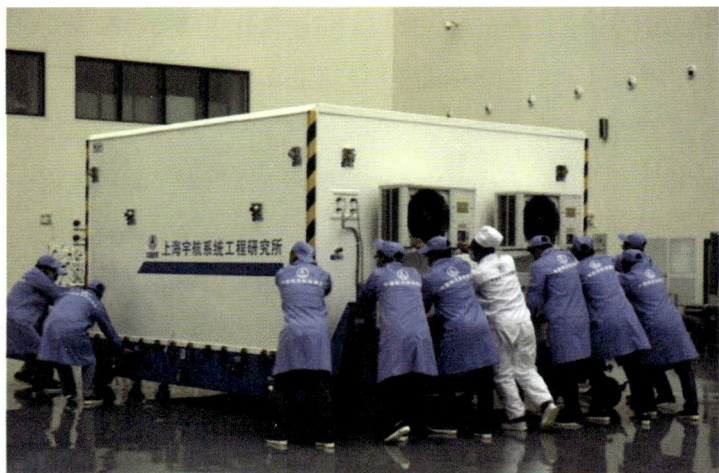

▲ 齐心协力送产品入厂房

此次出征不仅为后续轨道器在发射场的各项工作开启了一个良好的开端，也为嫦娥五号任务圆满成功奠定了坚实的基础，这段日子也成为了每一位参与者的一段难忘的回忆。

5.4. 疑不落地，行不止步
——发射场综合测试的执着

2020 年 7 月，盛夏，当总装人员奋战在夏日的停机坪时，轨道器综合测试团队，作为第二批赴中国文昌航天发射场的试验队员，在上海登上了飞往海口的航班。直到这一刻，综合测试主任设计师王卫楠才真切地意识到，自己一直怀揣的飞天梦想，终于要实现了。

海南特有的海风带着湿润的气息，轻轻拂过路边的椰林。然而，试验队员却无暇顾及这美丽的景色，他们眼里只有停放在总装测试厂房外的集装箱。一批人进入厂房布置场地，另一批人打开集装箱搬运设备，还有一批人接过测试设备开始自检，每个人各司其职，有条不紊地为轨道器正样产品的到来做着准备。

轨道器产品在深夜到达，综合测试人员和总装人员一起热烈地迎接不算久违的产品。大家一起撸起袖子推着产品包装箱走进巨大的风淋间，四周是明亮的金属板，布满整齐的孔洞，反射着耀眼的灯光，设计师忽然觉得眼前的一切都变得神圣起来，仿佛自己正置身于一座宏伟的殿堂之中。接下来几天的工作重点在总装设计师与总装操作人员身上，他们负责将产品从包装箱里取出，并且重新安装到位。综合测试团队也没有闲着，他们开始按照熟悉的节奏，做着这几年重复了无数次的工作：班前会、状态设置、状态检查、测试文件再确认。在发射场的工作虽然与上海、北京的日常工作有相似之处，但也有独特之处。在这里，纪律更加严明，流程更加完备。在发射场的所有工作都是演练过无数次的动作，每天只要按部就班地推进工作就可以。当然，大家心里明白，越是到最后关头，越是要小心谨慎、精益求精，以确保多年的努力不会白费。

▲ 综合测试人员在有条不紊地进行火工品回路阻值测试

2020 年 7 月 11—19 日，试验队员完成了 181 台 / 套地面设备开箱检查及相应的自检测试，对轨道器测试所需的各类地面测试电缆和转接电缆进行了外观检查及测试；还完成了整器产品、单独运输产品、备份件、工艺件的开箱及状态恢复。经过确认，轨道器所有产品开箱检查状态正常，开箱合格率100%，具备开展后续测试的条件。

在确认地面设备状态良好后，总装人员和综合测试人员携手，在总体设计师的统一调度安排下穿插开展工作，截至 2020 年 7月 20 日，完成轨道器进场后检漏、精测、器上电缆测试、天线驻波测试以及测试状态设置，具备轨道器分系统电性能测试阶段（以下简称 B 阶段测试）的测试条件。经过为期 1 周的 B 阶段测试工作，轨道器各分系统功能正常，测试数据合格、稳定。紧接着便开始了为期 10 天的 C 阶段模拟飞行测试，整个探测器按照既定的飞行程序，模拟在轨 23 天的各主要工作事件，最后 1 次测试，验证探测器系统飞行程序设计的正确性、探测器各分系统设备工作的稳定性、软件工作的健壮性和协调性。对于在此前已经进行近 30 次模拟飞行测试的嫦娥五号探测器，这只是 1 次驾轻就熟的例行工作，但参加测试的轨道器综合测试团队没有丝毫放松，认真细致地判读每一个遥测参数，并按计划顺利完成测试。之后，轨道器完成了一系列总装及专项测试以及 4 器组合体对接和加注等工作，接下来将迎来与长征五号运载火箭的正式对接。

2020 年 11 月 4 日，中国文昌航天发射场的海风裹挟着咸涩，掠过垂直总装测试厂房 101.1 米的银色穹顶。这座亚洲最高的单层工业建筑内，嫦娥五号探测器已经与长征五号遥五运载火箭完成对接。探测器 4 个月的发射场工作已进入倒计时，器箭对接后的首次发射场测试如期展开。独一无二的测试环境是之前历次地面测试无法完全模拟的，大家都明白"行百里者半九十"的道理，格外谨慎小心，慎终如始，决不允许临门一脚发生任何纰漏。

轨道器电源分系统设计师周坤的呼吸节奏与厂房恒温系统的嗡鸣共振。这个首次参与发射场任务的年轻人，此刻正目睹着控制屏上诡异的电压曲线——原本平滑的波形仿佛被无形的锯齿啃噬，毛刺状突起在合格参数的红线边缘游走。他瞥见电源分系统主任设计师周健镜片后的瞳孔收缩成"针尖"，两人视线在显示屏的冷光中无声交汇。

"各分系统报告遥测状态！"电测指挥王卫楠的指令刺破沉

寂。周坤喉结滚动，声线却异常平稳："电源分系统报告，请稍等！"这句职业化的延迟应答，如同投入深潭的石子，在指挥链路中激起涟漪。电总体主任设计师刘志强的内线电话3秒即至，技术语言的精确交锋在加密信道中展开。

当轨道器副总师李天义的身影出现在测发大厅时，穹顶的灯光在他灰白的鬓角镀上银边。这位见证过数十次发射的老航天人，凝视着波动曲线的眼神如同在破译太空密码。"环境变量"，他的食指轻叩桌面，"塔架新增的百米脐带缆，可能对正常信号产生了电磁干扰。"虽然测试数据没有超出要求范围，大家也推测出异常的原因，但是探月工程的严谨作风，决不允许任何结果只停留在"推测"阶段。

"请电源分系统落实一下吧。"李天义的语气平和但不容置疑。

"我立即打电话给所里布置，明天向您汇报结果！"周健的回答也毫不含糊。

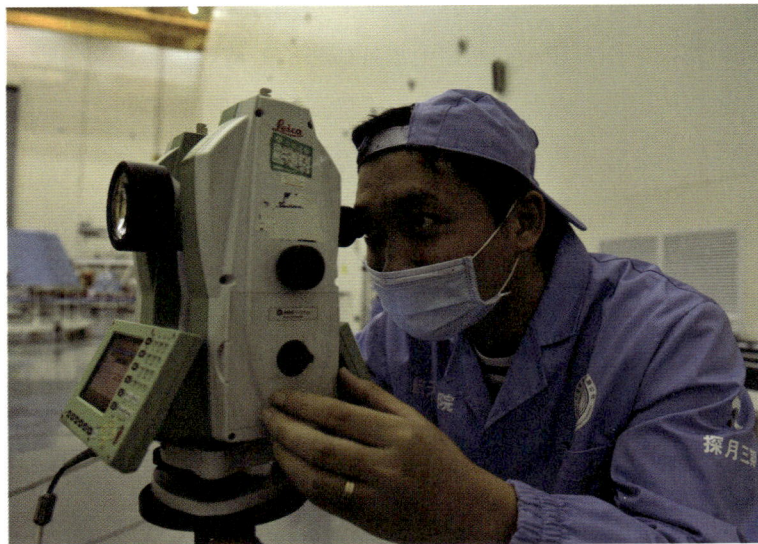

▲ 对轨道器进行精度测试

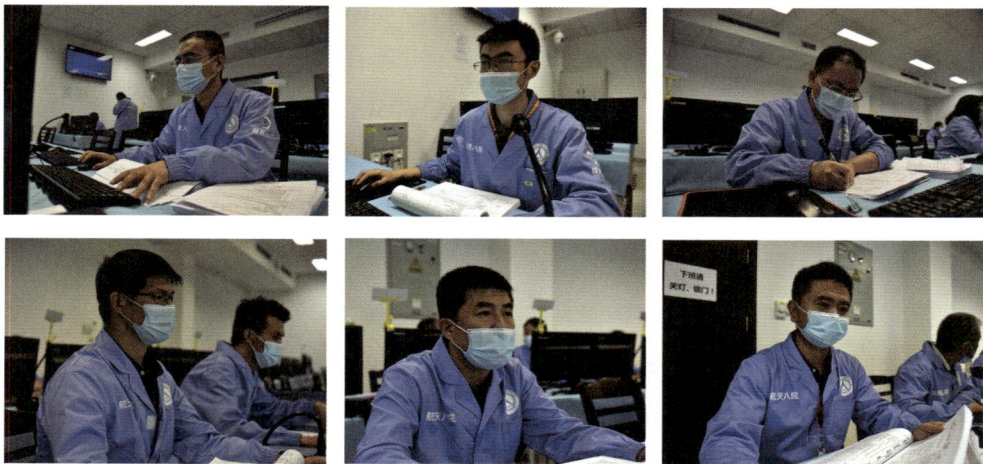

▲ 综合测试团队群英谱

上海空间电源研究所的应急响应机制在夜色中启动。黄浦江畔的试验室里，1∶1 复刻的百米电缆如同银色巨蟒盘踞。凌晨 3 时的数据比对证实了推测：超长导体引发的寄生电容，正在与遥测信道的敏感神经"玩着"危险的谐波游戏。

11 月 23 日，当发射前"15 分钟准备"的指令响彻塔架，周坤目睹那条引发波澜的脐带电缆如蜕去的蛇皮般缓缓垂落。电压曲线在他骤缩的瞳孔中回归完美正弦波，而周健眼角漾开的细纹，正书写着比任何语言都厚重的航天传承。

在火箭喷焰照亮南海的刹那，那些波动曲线、应急会议、跨城联调的剪影，都熔铸成中国探月工程 DNA 链上新的碱基对。这是问题的闭环，更是航天精神传递的永恒瞬间。

5.5. 巧手制作嫁衣
——世上最"奢侈"的盛装

轨道器研制团队 10 年的共同努力，就是为了把轨道器风风光光地"嫁"到月球上，怎么能缺少一套漂亮的"嫁衣"呢？然而，这套"嫁衣"并非仅仅考虑"嫦娥"的高矮胖瘦那么简单。轨道器上有 50 个转动部位、24 个分离点、10 处散热面以及 20 台舱外仪器，如何在保证关节活动自如、温度适宜的前提下，让"嫁衣"美观得体，这无疑是对"裁缝"手艺的极大考验。幸运的是，有这样一群人一直在为这件事琢磨着、忙碌着。

在进发射场前，热控实施单位工艺师张则梅已经带着热控多层装配操作人员林君靓对轨道器进行多次"量体裁衣"，完成了舱外整套热控多层的制作。尽管轨道器在发射场的总装是一个逐步推进的过程，但她们还是提前开始工作，在不干扰主线作业的前提下，对多层进行最后的精修，等待最后为轨道器穿上"嫁衣"的那一刻。

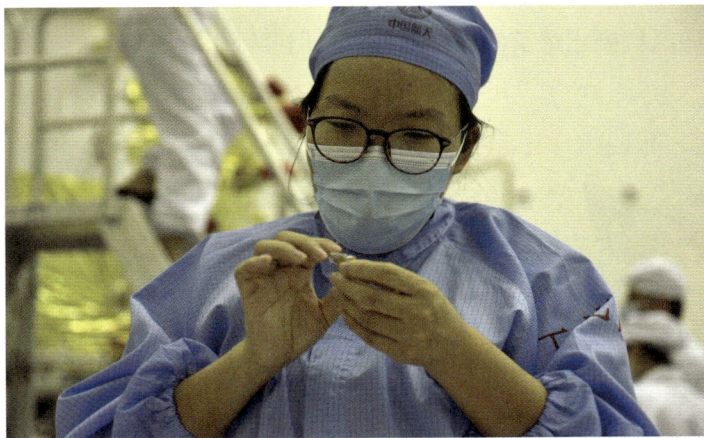

▲ 工艺师在检查热控产品

尽管已经在图纸上对照了无数遍，也在轨道器上比画过好多次，但"穿衣"的过程依旧烦琐。"这个镜头的视场不能被遮挡住""这个压紧座四周要盖住，但是顶面要全露出来""这个面是要留着散热的，一点儿都不能挡住"，轨道器热控分系统主任设计师赵吉喆在"穿衣"过程中站在林君靓的旁边不时提醒道。关系到轨道器多个分系统、数台仪器设备最后功能的实现，哪一条要求都不能忽略。巧手操作人员林君靓围着轨道器一圈一圈地查看着，一边看图纸一边确认实物，嘴里不停念叨着"这个地方要再开个口子，这里要用针缝起来"，而检验人员张蕾也一遍遍对最终状态的符合性进行检查并拍照记录。经过近一周的精细缝补，轨道器推进仪器舱、对接舱、支撑舱以及其上的多台仪器设备，都被金色或银色的热控多层包覆住，整个轨道器宛如一位端庄大方又贵气十足的"新娘"。

　　毫无疑问，整个轨道器研制是一个涉及多系统、多单位协作的大工程，需要大构思、大格局的蓝图规划。然而，所有的设计最终都需要工艺人员的精巧设计以及操作人员的匠心巧手逐一实现，不打折扣地落到实处。我们的操作人员自己穿着简单的蓝色制服，却用细腻的心思和熟练的手艺，为轨道器缝制出最美的"嫁衣"。她们穿针引线时专注的眼神，

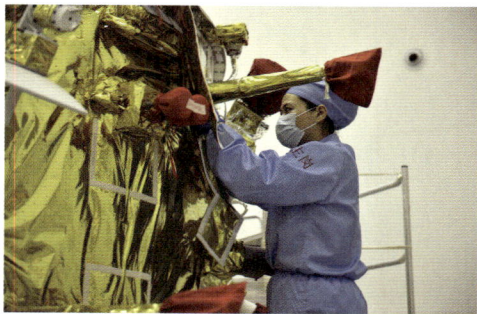

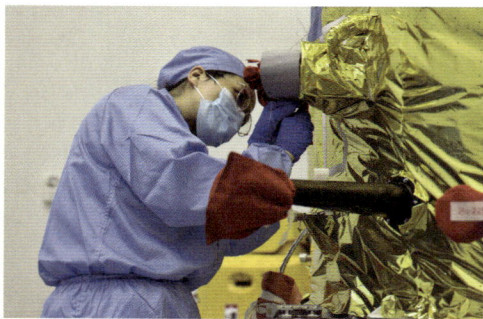

▲ 为"新人"穿"嫁衣"

凝聚着每一位设计师、工艺师和操作人员这么多年为轨道器的辛勤付出，在型号圆满成功的奖牌上，一定闪烁着她们匠心独运、巧夺天工的光芒。

5.6. 360 度无死角地拍摄
——以严谨铸就最放心操作

可以说，轨道器一飞冲天前的所有装配都在操作人员的一双手上，螺丝拧得牢不牢，插头插得紧不紧，这一项项操作的细微之处，决定着轨道器在轨飞行能否成功。这千万步操作中哪怕出现一丝差错，都有可能带来灾难性的后果。

如何控制操作中的失误，降低操作风险？除了在进入发射场之前的不断演练，轨道器工艺技术人员也早早开展了发射场操作风险识别工作，编制了发射场总装操作的风险控制要求，梳理出发射场 36 项操作测试风险，有针对性地制定了控制措施，并完善了发射场工艺文件。然而，这些还都是纸上谈"兵"，怎么把各种工艺文件转化为操作人员手中准确无误的操作？除了脚踏实地，严谨细致地一步步执行下去这个"笨"办法，别无他路。为此，轨道器总师查学雷制定了发射场推演制度，要求总体技术状态控制人员、工艺师、总装操作人员一起，对轨道器在发射场工作的 20 项关键操作过程和环节开展预先推演。由工艺师讲解工作要求和注意事项，接着设计师、工艺师、操作人员及检验人员就具体工作内容认真开展推演和演练，并对文件、图纸、记录表格等进行再学习和再确认。大到桁车的调度，小到拧螺丝钉的先后顺序，每个细节都不放过，保证每道工序都有人落实，每个人都知道自己要做什么，跟自己相关联的人员有哪些，自己的操作有什么风险，会给下一个环节带来什么影响，甚至每一个环节需要记录多少张照片都一一推演到位。

很快，轨道器在发射场迎来了一个颇受瞩目的操作项目——太阳翼的安装与测试。经过反复推演的工艺师和操作人员满怀信心地投入到工作中，整个操作过程有条不紊，如行云流水般流畅。轨道器配备了两副太阳翼，装完了一副后要经过评审确认才能进行下一副的安装。当大家把测试报告和操作记录带上评审会，打算一次通过时，却被探测器副总师的一个问题问懵住了。太阳翼展开测试时，在收拢状态和展开状态都留下了声像记录和高清照片，但有一个机构的卡槽位置，几乎无法用相机拍到。当这位探测器副总师问，如何证明机构卡槽运动到位时，设计师用了设计原理、尺寸链、展开到位动作链等一系列方法解释，但这些都是推测，并不是确凿的记录。仅仅因为这一个问题，轨道器太阳翼展开测试的第一次评审没有通过。大家都很沮丧，甚至认为这属于"鸡蛋里面挑骨头"。轨道器查学雷总师却认为，还是大家百密一疏，虽然经过了推演，但仍有记录环节的缺失，如果真的做到了 360°立体覆盖，那么必然不会留下这样的"死角"。于是，轨道器操作人员和检验人员再次上阵，启用了升降车，再次对机构卡槽位置进行"360°无死角"的声像记录，让大家真正"看"到卡槽的状态正常。第二次评审，终于顺利通过。

数月后，轨道器太阳翼在轨表现良好，在太阳翼成功展开并转动的那一瞬间，只有轨道器的操作人员才能体会到，这些机构在太空中"丝滑"运动的背后，是无数人"刻板"而严谨的努力和付出。

5.7. 今夜注定无眠
——天南地北共同守护

2020 年 11 月 23 日 8 时，此时距离嫦娥五号探测器发射还有 20 小时，中国文昌航天发射场和北京飞控中心的相关人员开始了早班会，大家本来已经紧绷的神经，更加紧张起来。

2020 年 11 月 23 日 9 时，坐标中国文昌航天发射场，离发射还有 19 小时。轨道器总体、总装、总体电路相关设计师和总装操作人员聚在一起，进行发射塔架上轨道器最后一次操作的预想和演练。在几天前，轨道器总装设计师杨延蕾被确定为发射日塔架最终状态确认的人员之一，她既兴奋又紧张，心中充满了责任感和使命感，暗暗发誓一定要站好这最后一班岗。留给这次塔架操作的时间为 40 分钟。发射前 15 小时，根据预定的计划，设计师与操作人员登上塔架，进行发射前最后一次的总装操作。长征五号运载火箭打开了整流罩操作口，总装操作一岗人员的身体探入整流罩内，开始更换轨道器最后一个飞行插头。气氛骤然紧张起来，所有人手里都捏了一把汗。这个操作已经演练了无数次，操作一岗人员更换插头，操作二岗人员在整流罩外配合物品的更换与材料递送；检验人员等待着最终的拍照与记录。整个过程有条不紊，和预想的一样，没有惊险也没有意外。全过程共耗时 35 分钟，比预定时间快了 5 分钟。在下塔架的那一刻，杨延蕾忽然发现自己的安全帽内的头发全部湿透了。至此，轨道器在地球上的实物操作全部完成。

2020 年 11 月 23 日 14 时，坐标北京飞控中心。轨道器设计师赵晨、景前锋、陈超和李志刚等刚开完探测器系统发射前会议，所有文件签署完毕，第一天的飞行控制已准备就绪。探测器系统的负责人给大家放了半天假，所有人回宾馆休息待命，22时正式上岗。平时忙碌的飞控大厅暂时安静下来。赵晨却要求留下了，检查电脑里的文件、飞控大厅岗位的联系电话、飞控首日要点、飞控首日故障预案……。第一天飞行的主要动作都是轨道器的，推进系统排气、电爆阀起爆、太阳翼展开、第一次变轨等，这一个个动作对应的指令和判据已经深深印在了赵晨的脑海里。但她还是不放心，在安静的大厅里一遍遍在心里推演，一遍遍浏览文件。直到在心里完整地"飞"了一遍。她离开时走到门口，转身又看了一眼此时处于沉寂中的大厅，她知道今晚这里注定灯火通明，无人入睡。

2020 年 11 月 23 日 14 时，坐标中国文昌航天发射场。所有综合测试人员到达岗位，开始进行探测器发射前的状态设置。尽管前期已经模拟演练过多次，但此时每位设计师的脸上看不出一丝懈怠，大家都不苟言笑，怀着敬畏的心对待本次发射任务。口令，执行，回令，整个过程枯燥而有序，刻板又认真。经过约 3 小时的状态设置，探测器所有初始状态设置完毕，每位设计师都对各自的参数再三确认，时刻保持警觉，随后进入无线电静默状态，测试大厅再次安静下来。

2020 年 11 月 23 日 20 时，坐标北京飞控中心。很多人已经吃完晚饭，准备放松和休息。此时，在北京飞控中心的宾馆，上海航天技术研究院飞控人员却起床了。他们是第一批值晚班的人员，也是第一批守护轨道器、看着轨道器飞向月球的技术人员。11 月的北京已非常寒冷，窗外一片漆黑。片刻后，宾馆重新安静下来，而飞控大厅里却人头攒动，秩序井然。

2020 年 11 月 23 日 20 时，坐标中国文昌航天发射场，距离嫦娥五号发射只有 8 小时了。虽然白天已经完成了塔架上的所有操作，包括轨道器飞行插头的更换。所有的操作一切正常，也都留下了照片与操作记录。然而，探测器总指挥兼总设计师杨孟飞对于探测器飞行插头最终状态设置的正确性仍然放心不下，他嘴里总是念叨着"这些飞行插头太重要了"，因为一旦其中任何一个装错，都会导致整个任务失败。为了践行可信工作理念，杨孟飞分别让探测器和轨道器的设计师去他的办公室汇报，他一定要亲自看一看操作记录和照片才能放心。轨道器设计师杨敏、杨延蕾和禹志带着装有更换下来的保护插头的铝合金箱子和用于查看照片的便携式计算机来到总指挥兼总设计师杨孟飞的办公室。首先一个一个实物拿给他检查，确保留在箱子里的都是保护插头，没有与飞行插头混淆。实物确认完毕后，他们又对照片进行确认。确认完照片后，杨孟飞又开始了灵魂拷问："插头手轮到位的咔哒声听没听到？插头打保险的胶带缠了几圈？有没有用胶点牢？每个胶带封边点了几处胶？"对这些问题，轨道器总体电路主任设计师杨敏对答如流。此时，杨孟飞的眉心渐渐舒展了。他微笑着问大家："你们放心了吗？"大家齐声答道："放心！""你们都放心了，我就放心了。"杨孟飞终于满意地笑了。

2020 年 11 月 23 日 22 时，坐标北京飞控中心。飞控大厅灯火通明，人员不再穿梭行走，训练有素的飞控人员在工位上就位等待，戴上耳机，在测试计算机上打开各类文件和监控软件，再一次检查监控页面的正确性。中国文昌航天发射场相关人员给出了测发大厅工位上技术人员的联系电话，北京飞控中心和中国文昌航天发射场两方牵手等待着发射的那一刻。身处发射场的轨道器副总师李天义在工位上向北京的同事通报情况："状态设置正常，延时指令已注入，轨道器一切正常，起飞后就看你们了！"通报完毕后，两边再次安静下来，静静等待起飞的那一刻。

2020 年 11 月 24 日 4 时 15 分，坐标中国文昌航天发射场，经过漫长等待后，终于迎来了发射前 15 分钟的关键点，指挥员一声令下，地面供电支持设备关机，探测器转入内电模式，蓄电池进入放电状态，供电母线电压、电流平稳，轨道器电源分系统主任设计师周健紧盯着曲线和参数，反复核查了 3 遍后，才大声报告"电源分系统正常"。发射前 10 分钟，指挥员下达"脱插脱落"口令，操作人员迅速按下"脱插脱落"控制按钮。伴随着前方传来的"脱落成功"的通报，轨道器设计师再次紧张而有序地核对所有参数。所有参数正常！系统正常！测发大厅再次安静下来，所有人等着最后那一刻。

此刻测发大厅空气仿佛凝固了一样，音响中传来发射倒计时，大家既紧张又激动。伴随着前方传来"发射成功""器箭分离成功""帆板展开成功"的捷报，测发大厅现场气氛瞬间沸腾了，大家欢呼着，相拥着，多年的心血终于得到了回报。

2020 年 11 月 24 日 4 时 30 分，北京飞控中心飞控大厅的屏幕依旧停滞着，所有人都知道探测器发射前状态设置一切正常，能听到前方的消息，也知道运载火箭已经起飞，但是火箭尚未进入远望船的测控范围，大家都在焦急地等待着。忽然，飞控大厅里响起一声清晰的通报"远望船发现目标"，大屏幕上的数据开始滚动起来，所有人的心都提到嗓子眼，但是没有人说话，除了通报声，飞控大厅里依然静悄悄的。几秒钟后，耳机里传来轨道器推进分系统人员清晰的报告声"轨道器推进管路排气正常"，第一个事件顺利完成。随后探测器又进入无测控区，数据再次暂停更新。虽然飞控大厅依然安静着，但是现场所有人都知道，飞行控制的接力棒已经正式从中国文昌航天发射场传递到了北京飞控中心手中。

5.8. 最强摄影"发烧友"
——"太空摄影师"的镜头

如果有人问在北京飞控中心最重要的是看什么，那当然是看遥测参数。可是如果有人问在北京飞控中心最好看的是什么，那必定是来自太空的壮丽影像。轨道器研制团队中有一支强大的摄影"发烧友"团队，那就是工程图像与测量分系统研制团队，在主任设计师吴红松的带领下，这个研制团队经历 10 年磨砺，打造出中国月球探测领域中最小巧的相机。

工程图像与测量分系统曾经是轨道器最"边缘化"的分系统，和其他分系统不同，这个分系统只负责给探测器拍照与摄影，它的成败并不影响嫦娥五号探测任务的成败，甚至在整个探测器系统的可靠性预计中，都没有包含这个分系统的可靠性。吴红松经常开玩笑地说："看来我们的分系统成功与否都不重要。"但这仅仅是一句玩笑话，工程图像与测量分系统在轨道器上扮演的是最"激进"的角色。在方案阶段初期，轨道器时任总师对这个分系统的要求只有一个字——"小"，言下之意，看见就行，但得重量轻、功耗低、占用资源少。小是必须的，但真的只需"看见"就好吗？当时商业市场上数字图像处理技术发展突飞猛进，人们已见识神舟飞船上天、与天宫一号对接分离，已经习惯了愈发清晰的影像。想象一下，多年后，嫦娥五号实现在月球上采样并返回地球的壮举，记录咱们中国人在月球轨道重要事件的影像，怎么能是一张张"将就"的图片呢？"小是必须的，好也是必要的"，分系统研制团队统一了思想。

什么事情都是说着容易、做着难。空间应用的图像监视产品通常都直接暴露于太空中，没有舱体结构保护，必须靠自身耐受住太空中的恶劣环境。神舟飞船和天宫实验室的监视设备也出自该团队。监视设备为了抵御空间环境，无一例外都穿着厚厚的外衣，每一台设备的重量几乎赶上如今整个分系统的重量要求。轨道器任务期间监视需求多，太阳翼展开、定向天线转动、对接机构抓捕、样品容器转移、4 次舱段分离，每一次动作都需要监视，并且希望在无光照的全黑环境下也能观测到重要动作。如何在这样一个高要求的系统设计中，实现资源占用、图像效果、产品可靠度 3 个方面的最优化，是摆在研制团队面前最大的难题。

巧妇难为无米之炊，但研制团队凭仅有的条件，在螺蛳壳里精雕细琢。他们打破固有思维，以不降低当时最好的图像标准为原则，在电路设计、结构设计上大刀阔斧，能砍尽砍。宇航产品可靠性至上，此前无人开展如此大胆的创新精简设计。虽然工程图像与测量分系统的产品不影响任务成败，但研制团队仍默默开展着各种各样的可靠性试验，并通过多轮的布局及视场仿真，确保在所有重要环节的监视任务中至少有两台设备可同时予以保障。

合格的摄影师都是颜值控，工程图像与测量分系统的设计师也不例外。研制初期相机布局视场仿真迭代了一轮又一轮，目标不能只是看见即可，还需要构图自然美观。在初样电性器综合测试期间，相机第一次实拍对接机构，发现画面中一个抱爪的一部分超出视场。有强迫症的设计师联合总装设计师微调了该相机的安装角度，最终在视场中展现了完整的抱爪影像。视场布局很重要，但更重要的是如何保证分系统产品在空间的成像能力。这些经过充分"瘦身"的相机，没有遮光罩，没有可调整的光圈焦距，最多只能调整曝光时间，同时在飞行过程中各种目标动作稍纵即逝，完全没有慢慢调整的时间。如何破局？唯有充分了解每一台相机的特点，为其预置最佳的成像参数。于是，分系统研制团队忙碌于大大小小的暗室中，摆弄着太阳模拟器以及各种强光设备，摸索着深空背景下的拍摄技巧。大气层外阳光对摄影的影响有多大？没有遮光罩，杂光干扰会到什么程度？太阳进视场了还能看清目标吗？奔月期间那台相机连续 4 天对着太阳，图像传感器会致盲吗？一年又一年，各种问题的答案逐渐清晰。只要探测器未发射，地面寻求更优解的工作便没有结束。

终于，轮到"太空摄影师"出演了。

单机设计师叶盛回忆道，在飞控大厅，当大家第一次看到帆板展开的图像时，无不惊叹："太阳翼在阳光下熠熠生辉，反射出耀眼的银色光芒，画面清晰而美丽！"

单机设计师徐起说，他永远忘不掉在飞控大厅，当轨返组合体与着上组合体分离的那一刻，大屏幕上的分离画面让所有人屏息凝视，甚至不需要再去判读遥测参数。"从图像就能看出来，分离得太平稳，太漂亮了！"大家纷纷惊呼道。

▲ 轨返组合体与着上组合体分离（来源：探月与航天工程中心）

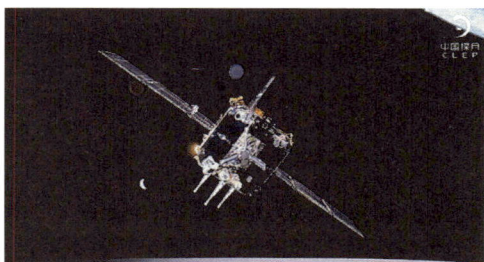

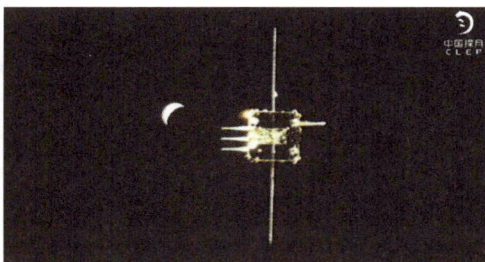

▲ 轨返组合体接近上升器（来源：探月与航天工程中心）

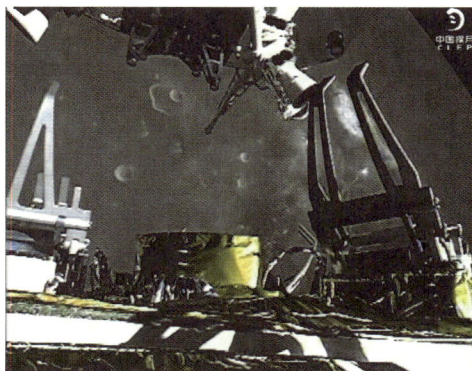

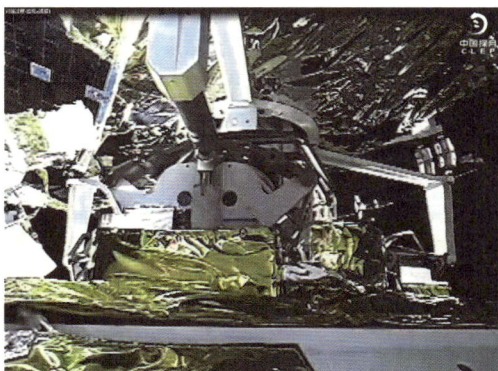

▲ 对接机构抓捕上升器（来源：探月与航天工程中心）

　　对接机构设计师傅丽佳说，她永远忘不掉在飞控大厅看到抱爪自检打开图像的一刹那，摄像机完美呈现了抱爪在太空中的首次张开，背后是真实而苍凉的月球表面。

　　轨道器总体设计师赵晨永远也忘不了交会对接的瞬间，大屏幕上，上升器缓缓向轨道器靠近，最终3个抱爪稳稳将其"揽入怀中"。那一刻所有人都知道，不需要判读参数了，图像已清晰展现了一切，对接成功了。

　　2020年12月5日，轨道器抱爪自检；12月6日，抱爪打开准备对接，上升器与轨道器相距400米，100米，50米，……，直至对接完成启动样品容器转移，样品转移完毕，返回器舱门关闭，对接舱与上升器组合体分离，这一个个重要时刻，都由"太空摄影师"真实地记录了下来。那几天，飞控大厅的大屏上，循环播放着由安装在轨道器不同位置的相机多角度拍摄的精彩画面，每一帧都清晰而震撼，宛如科幻大片。轨道器完美地实现了月球轨道无人交会对接与样品转移，而工程图像与测量分系统也不负众望，用高清的镜头直击现场，记录下这些历史性的瞬间。

这一切的成就，都离不开工程图像与测量分系统研制团队的大胆创新与锐意进取，他们为世人留下了这些珍贵的太空影像。

▲ 样品转移过程（来源：探月与航天工程中心）

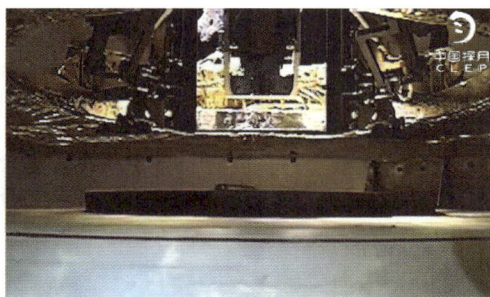

▲ 返回器舱门关闭（来源：探月与航天工程中心）

▲ 轨返组合体分离对接舱与上升器组合体（来源：探月与航天工程中心）

5.9. 最后的 23 个日夜
——飞控的点点滴滴

    轨道器发射前的状态由发射场的试验人员控制，那么轨道器在深空的旅程是否顺利，则由飞控人员接力守护。

    2020 年 10 月 12 日，嫦娥五号轨道器首批飞控试验队队员从中国文昌航天发射场转场，进驻北京飞控中心，与发射场试验队员两地并肩战斗，为嫦娥五号的飞行任务准备做最后的冲刺。

▲ 首批进驻北京飞控中心的轨道器试验队员

    这支飞控队伍虽然之前从未参加过任何航天器的在轨飞控工作，但是大家出发的时候却信心满满。经过 10 年研制，设计师已经知道了最终取胜的法宝，总结下来就是 3 句话："用产品的确定性对抗所有不确定性""用细致入微保障千余条指令的正确性""用满腔热情化解压力与疲劳"。一切难题，都可以用技术和热情来解决。

嫦娥五号探测器完成出厂工作后，又历经 3 年贮存，发射窗口一再变更，飞行程序也随之不断调整。探测器刚刚运抵中国文昌航天发射场，由于运载火箭研制进度原因，发射窗口再次推迟一个月，刚刚固化的飞行程序再次进行适应性更改，轨道、能源、热控、测控、飞行时序都面临调整与复算。飞控试验队员迅速调整策略，与探测器总体方以及各个分系统方紧密协调，对各种飞行条件的变更进行快速准确复核，分析产品对最新飞行条件的适应性。他们凭借可靠的产品性能和严谨的工作态度，成功应对了所有的不确定性，为嫦娥五号探测器的首发窗口确定提供了坚实的支撑。

飞控试验队由海南转战北京后，迅速投入到紧张的飞控准备工作中。飞行程序的修改与确认，一次次指令计划的调整，6 ~ 7 轮协同工作程序的核对，5000 余条指令码的逐一核对，故障预案讨论与会签、应急协同工作程序的固化、所有遥测参数解析、监控页面的设计与校核，从总体到分系统，每一天，每一名队员都用细致认真的工作态度来面对这一项项繁杂而琐碎的工作。大家每天工作到深夜是常态，经常为了一个遥测参数的显示和解析，与北京飞控中心的技术人员反复沟通与确认。尤其是热控遥测参数解析方法复杂，为了精准确认每一个热控遥测参数解析的正确性，热控分系统设计师张彧和北京飞控中心的技术人员进行数十次沟通，反复回放数据，最终确保每一个参数的解析与显示均准确无误。

经过夜以继日的细致工作，飞控试验队完成了所有轨道、测控、光照条件的影响分析，调整了与轨道器相关的几十项飞行程序，完成了所有文件的确认和签署以及指令码的核对。他们的努力为飞控任务的顺利实施打下坚实的基础。

2020 年 11 月 24 日，随着嫦娥五号的成功发射与入轨，轨道器飞行任务正式开始，飞控试验队随即启动了 24 小时轮流值班制度。与常规飞行器不同，嫦娥五号探测器任务仅 23 天，飞行任务环环相扣，极度紧凑，几乎没有一天处于相对轻松的巡航监视状态，而是每一班都有动作，每一班都有事件。轨道器几乎所有的重要动作都在晚上进行，按照北京飞控中心安排，每天需 2 ～ 3 次签署下一个时段的飞行计划，并实时生成指令。因此，试验队员面临着高强度的工作挑战：白天忙于签署计划，夜晚则紧盯关键飞行事件，对飞行试验结果进行细致分析与实时评估。尽管试验队指挥调度已经全力保障每一位队员的后勤工作，确保大家吃好睡好，但连续的昼夜颠倒仍让队员难以彻底摆脱身体上的疲惫。然而，在整个飞控期间，却没有人抱怨过苦和累，每个人心里都是积攒了 10 年的热情与期待，只为这至关重要的 23 天！轨道器最重要的任务是交会对接与样品转移，从凌晨 2 时到早上 7 时，晚班试验队员始终坚守在监视终端前，紧张而有序地记录遥测参数，实时汇报状态，确保每一个动作环节的精准控制与判读。到了早上 8 时换班时，虽然对接与样品转移动作已圆满完成，但部分晚班的试验队员仍坚持在岗，继续进行对接与样品转移过程完整图像数据的回放与处理。正是这份对型号的深厚热爱，对工作的认真执着，让试验队员战胜了困倦，战胜了所有困难，为飞行试验的圆满成功奉献了自己的力量。

2020 年 12 月 17 日凌晨，嫦娥五号轨道器与返回器分离，随后返回器顺利着陆四子王旗着陆场，嫦娥五号任务圆满成功。按照惯例，飞控大厅华灯齐放，大屏幕上打出"热烈祝贺嫦娥五号任务圆满成功"的字样，并邀请研制队伍和个人轮流上台合影留念。在场的全体飞控人员沉浸在成功的喜悦中，都涌入飞控大厅，甚至有人相拥而泣，共同见证这一荣耀时刻。是啊，10 年的努力终于迎来了完美的结局！

▲ 嫦娥五号任务圆满成功后轨道器飞控试验队合影

第 **6** 章

CHAPTER 6

功成名就非偶然，
群英勠力铸辉煌

秋天，是收获的季节，而对于上海航天技术研究院嫦娥五号轨道器研制团队而言，冬天亦是收获的季节。2020年12月，返回器顶风冒雪而归，在四子王旗的冰原上成功着陆，将珍贵的月球样品带回地球，标志着嫦娥五号探测器圆满完成了月球自动采样返回的任务。通过嫦娥五号轨道器的研制，上海航天技术研究院在队伍组建、管理方式、产品保证实施以及研制过程管理等多方面，总结出了一套可推广、可复制的经验。

　　这10年间，轨道器研制团队从青葱少年，到华发初生，都成长为了合格的航天工程师。他们收获了型号成功的喜悦，收获了成长的经历，更在相互扶持中结下了深厚的友谊，收获了如兄弟般肝胆相照的战友情。

6.1. 山不在高，有仙则名
—— 精干高效的型号队伍理念

　　探月工程是我国的重大工程项目，其中嫦娥五号任务是我国探月工程三步走战略的最后一步，承载着到2020年实现采样返回目标的重大责任与光荣使命。嫦娥五号轨道器研制涉及多学科交叉，涵盖系统总体、轨道设计、能源管理、热控技术、机械设计、测控通信等多个专业领域。在争取到轨道器研制任务后，上海航天技术研究院迅速启动了轨道器型号研制队伍的组建工作。

　　上海航天技术研究院对嫦娥五号月球探测任务高度重视，为探月工程三期任务配置了极为强大的研制队伍。在院科技委配置型号总指挥、总设计师，在总体所配置两名副总师，同时在承研电子单机研制任务最多的电子所也配置一名副总师。

同时轨道器总体设计、总装、综合测试、软件、可靠性 5 个总体专业以及对接机构与样品转移分系统、分离机构分系统、结构分系统、太阳翼与机构分系统、综合电子分系统、电源分系统、总体电路分系统、测控数传分系统、工程图像与测量分系统、热控分系统 10 个分系统均配置一名主任设计师和两名副主任设计师，分别在各主任设计师的带领下组建各自的研制团队。轨道器各级设计师均从其他型号抽调了骨干人员，以确保型号经验的传承并降低研制风险。

2011 年院机关和各研制单位发布了型号队伍任命文件，自此轨道器队伍的"108 将"核心研制人员聚齐，这支年轻、富有朝气和创新精神的团队，随即开始了研制任务。

在型号研制过程中，除设计师队伍、调度系统和生产人员外，还有一个特别重要的角色——产品保证工程师（产保师）。他们的职责是确保产品质量。通俗地说，就是由他们来控制和认定产品的质量。嫦娥五号轨道器产品保证系统由上海航天技术研究院和各承制单位的产品保证组织组成，具体包括型号总指挥及总师、探月工程项目办、各研制单位的型号指挥调度系统、设计师、产品保证工程师、专业产品保证工程师等。纵向建立轨道器总体级、分系统级、单机和部组件级产品保证组织机构，并借助元器件中心、可靠性中心、软件评测中心、理化分析中心以及院级专家组等作为轨道器产品保证的支撑机构，共同实施轨道器产品的研制保证工作。在纵向产品保证的基础上，轨道器还成立 9 个产品保证横向专题组，包括产品保证组、技术风险管理控制组、通用质量特性（六性）保证组、技术状态控制组、质量问题审查组、软件产品保证组、元器件及原材料保证组、工艺保证组、产品验收组，并组织相关专业人员对这 9 个方面加强审查把关。

正所谓"山不在高，有仙则名；水不在深，有龙则灵"。在轨道器管理上试点了精干型的"小总体"模式，以强大的"两总"系统掌控全局，以资深设计师带领富有朝气的年轻设计师，以立体的产品保证队伍全方位保障产品质量。以108 将为核心，以集体之力为后盾，研制团队完成了轨道器近百台单机、24 套软件的 10 年研制任务。

6.2. 来则纳之，取长补短
—— 矩阵分工与整器管控的结合

嫦娥五号探测器包括 4 个器，即轨道器、返回器、上升器和着陆器，其中轨道器、返回器和上升器具备独立飞行能力。按分系统来划分，整个探测器系统又划分为结构、机构、供配电、测控数传、数管、热控、工程参数测量、GNC、推进、对接机构与样品转移、分离机构、采样封装等 15 个分系统。其中对接机构与样品转移分系统为轨道器、上升器共有的分系统，采样封装为着陆器特有的分系统，而其他分系统在各个器上均有对应单机。然而各个器上的分系统方案又不相同，例如，轨道器数管分系统采用了综合电子思路进行设计，而其他器的数管分系统仍然按照传统数管分系统思路进行设计。

探测器总体方提出了对嫦娥五号探测器采用矩阵式管理的方案，即打破器的概念，将整个探测器直接按照 15 个分系统进行管理。这个理念有其合理之处，按照分系统管理，可以使 4 个器功能类似的电子单机集中管理，促进技术交融，也使得轨道器各产品既在院层面进行技术把关，又在探测器层面进行技术把关，确保重大工程产品质量控制。然而，这样也存在一定的局限性，探测器中各个器之间接口复杂，轨道器、返回器、上升器还存在独立飞行的工况，各个器还要单独总装并交付，因此，最终各个分系统的单机还要符合各个器的约束。考虑到这一点，探月工程项目办决定对轨道器采用双重管理以保障产品质量，既采用分系统矩阵式管理，多层把关，严控产品质量，又明确轨道器以整器总体方式对外协调，同时对所有轨道器产品进行管控，保障上通下达信息的唯一性和高效性，并在系统层面上优化轨道器整器性能。

这种双重管理模式，在上海航天技术研究院负责的航天器上是第一次尝试。在研制过程中有困惑，有摩擦，有重复，也有误解，但是通过不断摸索与磨合，各级职责逐渐清晰。分系统纵向与单器横向的管理模式逐渐互补，融合成了一个个网格，轨道器的设计师也学会了利用这些网格去发挥更多人的力量，保障轨道器的单机、分系统、整器的质量。

6.3. 严慎细实，说到做到
—— 从产品保证的角度看 1 丝的距离

质量就是生命，这绝不是一句空话。多少次航天器的失败就源于一点点金属碎屑的短路、几毫米尺寸的失配或者几克火工品装药量的误差。轨道器研制团队成立之初的"108 将"中，就有素质过硬的产保队伍与设计师共同担起轨道器质量的保障。要问产保师有什么信条，那就是 4 个字"严、慎、细、实"。

严，要求做事遵守规则和标准，是型号研制铁的纪律。轨道器产保师唐洁是出了名的严格，当产品进度和质量产生矛盾时，她绝对不会因为赶时间而留下任何一个质量隐患。"我们单机的证明书有个名字还没签，有个章还没盖，能不能先验收啊，后面再去补签？""我们单机的履历书上的测试数据是电子版整理的，原始数据没有复印就没放进去，数据判读过，绝对没问题，现在进度这么紧张，要不单机先交付了，明天我把原始记录送过来？"每当产品验收交付时，唐洁总会接到这一类请求。能拒绝吗？肯定拒绝！唐洁毫不迟疑。很多人不理解，单机测试都测完了，判读也判读完了，就差一个签字，这不就是形式上的事？还真不是，签字就是要对数据负责，每一个数据都要有对其负责的人，不然出了问题根本无法寻根溯源。此外，一个个签字里可大有学问，唐洁如数家珍地道来："比如，你可以去看所有盖章的角度和颜色，如果都差不多，那就说明肯定是后补的，这种数据就要警惕了。再比如，一个数据在不同时间的检验人员签字忽然变了，那也要注意，说明在这个岗位出现了新人，那么这个新人检验的数据也需要特别关注。"严，不是一句口号，而是责任和担当，是踏踏实实的工作，是经年历练的敏感和智慧。质量，就需要老老实实地严格把关，做好守门员。

慎，要求做事小心周密，是对潜在风险高度敏感的意识。对于轨道器来说，1丝就是慎的尺度。1丝是多少？1丝是0.01毫米。1丝的距离能做什么？1丝的距离能影响航天产品的成败。那是一个秋高气爽的日子，轨道器初样产品验收组一行人来到了某齿轮厂验收齿轮。大家铺开图纸，拿出测试工具和记录表格，开始了一天忙碌的验收工作。初始一切顺利，在休息期间，一个检验人员忽然轻语了一声："咦？"验收组组长胡震宇立刻问道："怎么了？"检验人员举起一个齿轮。这些齿轮的尺寸是机器加工保证的，按验收要求规定，不需要人工复测尺寸。然而，检验师在休息时，用游标卡尺随手测了齿轮的一个尺寸，发现比要求值少了1丝。所有人都愣住了，这算不算问题呢？研制方认为 1 丝的尺寸属于加工误差，不能算问题。而轨道器验收方认为既然图纸上标明了尺寸，且没有允许 1 丝的公差，那么这就应该算问题。"我们过来就是发现问题、直面问题、解决问题的，把问题记录下来，回去后好好研究到底有没有影响，不能留质量隐患。"胡震宇副总师嘱咐道。齿轮验收结束后，在轨道器型号两总的组织下，产保师、设计师、工艺师、操作人员一起对尺寸合格和尺寸少 1 丝的齿轮进行了跑合验证试验。齿轮跑合验证试验虽然单调乏味，但在型号人员的执着坚持下，日复一日、月复一月地进行着。终于，尺寸少 1 丝的齿轮在试验后出现了间歇性的卡滞，1 丝的尺寸，果然影响了产品的质量。这一"慎"，又杜绝了轨道器在轨飞行的一个隐患。

细，要求关注每一个微小环节，是确保做事无漏洞的工作方法。在发射场，轨道器产保师陈诚终于理解了这句话。在发射场，轨道器的每一道工序、每一次操作都是最后一次，几乎所有的工序都不可逆转，否则就要付出极大的人力、物力和进度代价。大家对待每一次操作的细心，可谓到了"令人发指"的程度。"你看过吗？你放心吗？"这是大家在发射场听到的最多的问话。在发射场，嫦娥五号探测器研制团队采用最终状态确认的技术状态管控方法，识别大到每一个舱体状态，小到每一台单机、每一个组件、每一个接插件的最终状态是在哪一道操作中形成的，并且在相应操作完成后，进行最终状态检查，经过最终状态检查后就将状态固化，任何人、任何后续操作都不得再破坏这个状态。经识别，嫦娥五号轨道器在发射场一共有 514 项最终状态确认项目，按照张玉花总指挥、查学雷总师的要求，无论现场总装工作到多晚，每日的最终状态确认项目也必须回到工作间按照人、机、料、法、环、测进行填表，并由各相关岗位的设计师签字确认，填好之后由两总审查。在发射场难忘的 147 个日夜，每天轨道器上总装工作到晚上八九点，工作结束之后再返回厂房工作间确认照片、整理数据和文件，再对照片进行分类、确认并填写各项记录，厂房的工作间每每凌晨仍旧灯火通明。每个最终状态结果的再确认，都要经受住轨道器各分系统设计师的火眼金睛和型号两总的灵魂拷问。细，就要做到这个程度。

实，要求脚踏实地夯实基础，是确保产品质量的基石。设计师经常说自己非常了解自己的产品。怎么才算了解？产品怎么才算可靠？这些问题在过去往往缺乏明确的标准，让人难以回答。到了嫦娥五号，探测器总指挥兼总设计师杨孟飞提出了"可信构造与确认"的概念，为判定产品的质量可靠设定了3个具体标准：设计正确、过程受控、验证充分。基于这些标准，嫦娥五号探测器的可信构造与确认理念得以提炼并广泛推广。探月工程项目办和轨道器总体方立即响应，从元器件、原材料、部组件、单机、分系统等多维度逐级分类开展了可信构造与确认工作。在执行可信构造与确认工作的初期，设计师叫苦不迭，设计正确还好办，要证明过程受控，就要复查生产过程中所有的关键环节，小到每一个元器件的装机合格证都要一一查证，工作量太大了。但在综合电子检查过程中，果然发现了一个瑕疵，由于单机设计师对指标的理解有误，两只串联的电容，当其中一只发生故障短路后，其承受的工作电压便与正常工作电容的额定电压相同，此种故障状态下不满足规范中元器件的降额设计要求。后来经过分析，这块电路板使用时间短，只有在双重故障下才会导致两只电容全部失效，即使导致出现局部故障，也不会对整机性能造成影响。因此决定不做单机返修，但是却让所有的设计师都吓出了一身冷汗。当脚踏"实"地深入一台单机的每一个细节后，问题果然更容易浮出水面。可信构造与确认的方法确实是一种科学的工具，有助于我们回头检查单机和系统的设计。从那以后，所有设计师更加认真对待这项工作，不仅自己埋头复查，还互相交流。轨道器研制团队先后召开多次设计师可信构造与确认工作研讨会，每位主任设计师上台讲述自己的系统，互通有无，互相提醒。在轨道器贮存的 3 年中，轨道器研制团队总计完成了 4 项总体级、11 项分系统级、16 个专项级、29 类单机级的产品可信构造与确认工作，多层级深入复核设计正确性、开展研制过程复查，复核试验验证的充分性。通过数据包复查、产品再验收、测试数据再判读、测试现象再分析等手段，开展各种复查、检查、推演、演练和测试，夯实了产品质量基础。

▲ 探测器可信构造与确认工作研讨会

"严、慎、细、实"是在嫦娥五号轨道器研制过程中每一位产保师、设计师、工艺师和操作人员，在产品的设计、研制、测试、总装各个环节深入人心的理念。这不仅仅是一句口号，更是全体研制人员心中坚定不移的信念和行为准则。

6.4. 情怀在我，责任在我
——党员责任团队的担当

2020 年是嫦娥五号任务的决战决胜年，也是探月后续任务落地的关键年，为确保任务的圆满完成，轨道器研制团队启动了"党员责任团队"的组建工作。轨道器总装团队积极响应，成立了以总装厂陆海滨副总经理为队长的"嫦娥五号首飞保成功党员责任团队"，共由 17 人组成。这是一支勇于担当、干劲十足、技术过硬、充满朝气的队伍。成立之初，团队就明确目标并郑重承诺：以不畏艰难的勇气，科学严谨的态度、甘于奉献的精神，合力攻坚，高品质零缺陷完成嫦娥五号探测器出厂前总装测试、运输、发射场总装等各项任务，确保如期完成发射任务，确保嫦娥五号探测器月球自动采样返回任务圆满成功。

由于特殊原因，嫦娥五号探测器在发射场的总装测试工作共历时 147 天，面对近 5 个月的长期出差，队员们面临的困难可想而知。队员中有多位年轻人，面临家里有孩子上学、老人需要照顾等诸多的问题，但他们"舍小家为大家"，没有一个人打退堂鼓。在发射场，队员沈鑫右腿上因虫咬发炎长了大脓包，疼时连走路都不方便，但作为主岗和吊装指挥，他清醒地认识到发射场操作岗位的重要性，认真负责，忍着痛坚持工作，丝毫没有影响现场操作及指挥。后来在当地医院接受了手术，仅休息 2 天后，便匆匆返回岗位，出色地发挥了一名优秀的主岗操作人员的作用。队员秦春云的岳母被查出患肠癌晚期，女儿又在上小学一年级，家中因此陷入了困境，他的情绪一度低落，

▲ 责任即使命，型号在我心中

在试验队及总装厂领导的关心与大力帮助下，他回家 5 天安顿好家里事务后，又义无反顾地返回了发射场，出色完成了总装任务。检验人员朱春雷的母亲身体不适，一时查不出病因，他每天靠打电话了解母亲的情况，最终诊断为急性阑尾炎，朱春雷立即返回家中，可是 3 天后就返回了发射场。这样的故事在"党员责任团队"中还有很多，正是这样一群平凡敬业的试验队员"忠于职守、甘于奉献"的崇高精神，生动诠释了航天精神的深刻内涵，践行了"不忘初心，牢记使命"的嘱托。

总装厂"党员责任团队"的"拼劲"是整个轨道器"党员责任团队"的一个缩影。回望为圆满完成嫦娥五号任务一起奋斗的艰苦历程，每一支党员责任团队的每一位队员都无怨无悔、倍感自豪。面对永无止境的太空科学探索之旅，党员总是一马当先，更觉使命光荣，责任重大。情怀在我，责任在我，党员作为航天团队的中流砥柱与先锋力量，大力发扬航天精神，不懈努力，持续奋斗，为航天强国建设不断贡献各自的力量。

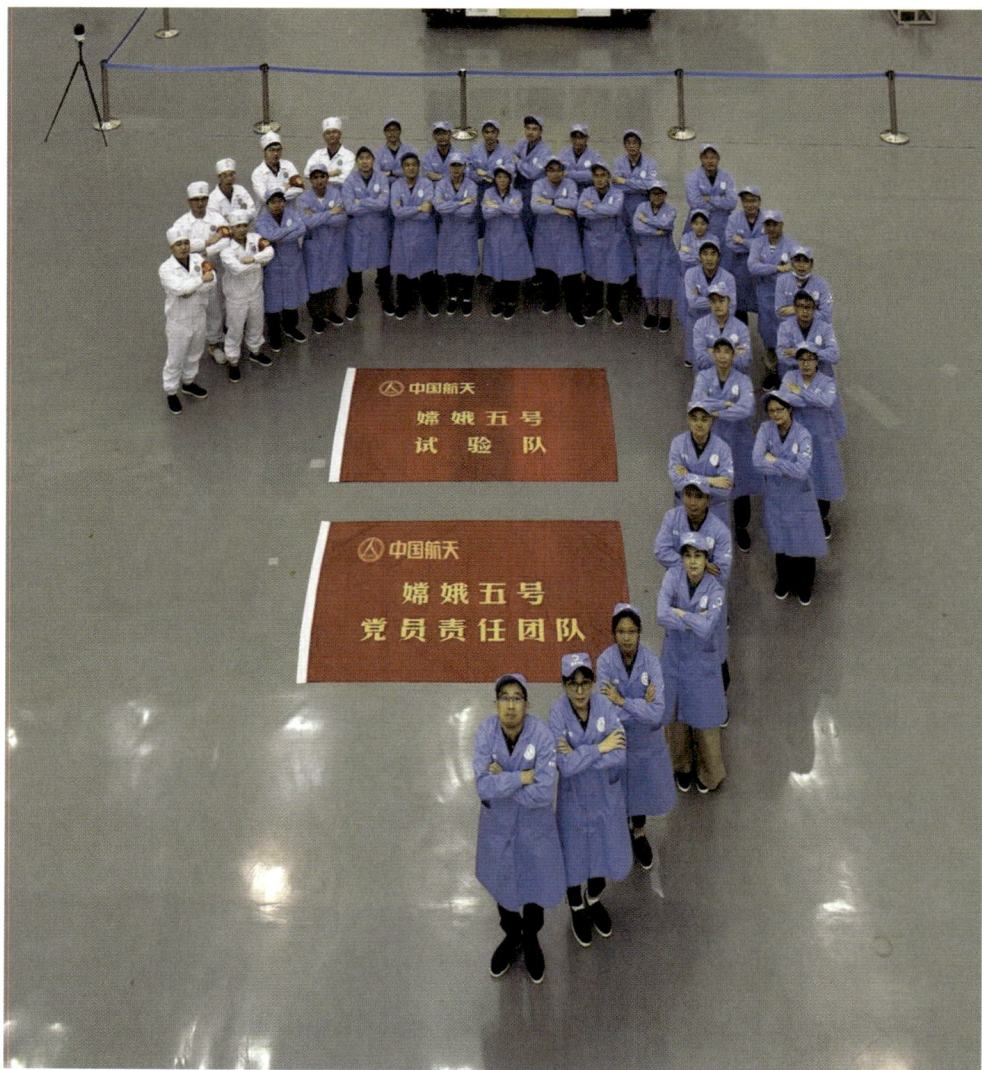

▲ 轨道器发射场试验队全家福

6.5. 一生事业，一生投入
—— 她把整个生命奉献给钟情的事业

一位杰出的女性，一项伟大的事业，因为她的钟情，事业的成功里融入了她的情怀和奉献。她就是嫦娥五号对接机构与样品转移分系统主任设计师——郑云青。

在整个嫦娥五号对接机构与样品转移分系统研制过程中，分系统主任设计师郑云青无疑是当之无愧的"功臣"。她为了自己所热爱的航天事业，全身心地投入到工作中。过度劳累的她没能妥善照顾好自己的身体，终因积劳成疾，罹患重病。2021年，由于病情突然急剧恶化，虽经医院全力抢救，仍不幸离世，离开了她十分眷恋的团队，离开了她所挚爱的家人和亲朋好友，也离开了她一辈子钟情的航天事业。

天妒英才，英年早逝。她是无数航天人中普通的一员，无数个航天人跟她一样义无反顾地投身在航天事业中；她亦是无数航天人中杰出的一员，在她的身上，闪烁着航天人团结、执着、严谨的光芒。

作为主任设计师，她统揽全局，对产品的各项技术指标、设计细节如数家珍。她的工作态度一贯严谨，对产品的在轨可靠性有着极致的追求，把精益求精的理念贯穿于产品设计和研制的每一个环节中。她对团队成员的要求同样严格，报告不完善，一遍遍地修改，直至完善；问题分析不够透彻，一次次地寻根究底，直至找到症结所在。团队成员都说，产品上的任何瑕疵，都逃不过她的火眼金睛。

遇到关键问题，她坚持原则，据理力争，充分表达自己的观点。只要她认为是对的，多难的事情都要极力推动实施。由于样品转移任务涉及 3 个器（上升器、轨道器、返回器），5 个分系统（GNC 分系统、机构分系统、综合电子分系统、对接机构与样品转移分系统、采样封装分系统），接口多，过程复杂，任何一个环节匹配不上都将导致样品转移任务无法顺利完成。虽然她只负责对接机构与样品转移分系统的研制任务，但她主动站在探测器总体的角度统筹考虑，牵头组织并负责探测器系统级别的转移联合试验，努力协调各方力量和资源，理顺关系，打通路径，她的协调能力和责任意识得到了大家的广泛认可。也正是她的坚持和执着，最终促成了对接机构与样品转移分系统在飞行过程中的完美表现。

在团队培养上，她同样尽心尽力，对员工的关心无微不至。郑云青始终认为，型号的成功，并不是某一位设计师的功劳，而是要团队每位成员都跟着成长起来，优势互补，才能确保成功。写报告、跟产品、做试验、听汇报，新人的每一个小环节她都不遗余力地给予指导，团队成员在关键时刻总会收到她的"锦囊妙计"。对于每一份报告，她都认真审阅，从措辞到内容，从格式到计算过程，甚至连标点符号她都一一审阅并提出修改建议；分系统方案阶段 1 套产品、初样阶段 6 套半产品、正样阶段 2 套产品，这些在研制过程中的每一个关键环节都由她掌舵护航；分系统的每一项试验，她都会在试验策划阶段就提醒试验策划人员要有大局观，要将产品、设备、人员等综合因素都考虑在内。在对接与样品转移机构产品研制过程中，每位设计师不但要完成产品的设计和研制任务，还要负责大型试验台的研制以及大型试验的策划和组织。虽然时间紧、任务重，但在她的带领下，研制团队咬紧牙关，迎难而上，快速成长为一支作风严谨、纪律严明的队伍，多位成员现已成为部门的技术骨干和中坚力量。

虽然她是分系统负责人，是女强人，但作为母亲和妻子，她与常人一样，有着一份对家庭的责任感，尽力抽出时间关爱孩子和丈夫，因此家庭总是充满温馨。作为一名航天人，在研制任务紧张繁重的时候，她是如何平衡好事业与家庭的关系的？大家回忆说，郑云青往往在照顾年幼的孩子入睡后，又在深夜匆匆赶回所里加班，只为了能够保质保量地按时完成任务。她还与同为航天人的爱人约定，没有特殊情况，必定在对方出差回沪时到车站或机场迎接，数十年皆如此。浪漫的情怀，人性的纯美，令人动容。

2019年，由于身体原因，她不得不离开自己热爱的工作岗位，居家调养。面对病魔，她延续着航天人不服输的精神，积极治疗，乐观向上。同事们每一次去探望她，总能见到她亲切的笑容并感受到她阳光的心态。她总是鼓励大家："再坚持一下，成功往往就在最后的坚持和努力之中。相信上苍定会眷顾砥砺奋进的人、不离不弃的人。"终于，2020年12月，嫦娥五号对接与样品转移任务圆满完成，我国首次将月球样品带回了地球。当听到这一惊天喜讯时，她笑了，笑得那么开心！10余年的倾心付出终于有了令人满意的回报。那一刻，她肩上的担子终于放下了。

大家还记得这样一个感人的画面。2020年12月6日，嫦娥五号正在进行月球轨道交会对接与样品的转移，这是取样返回任务中一个非常关键的动作。此刻，嫦娥五号探测器总指挥兼总设计师杨孟飞与大家一起在飞控大厅指挥着轨返组合体与上升器的交会对接。当交会对接成功的画面传回时，大厅里瞬间响起了热烈的掌声。随着样品容器顺利转移至返回器，杨孟飞带头热烈鼓掌，同时主动走向前，与郑云青的丈夫——轨道器副总指挥丁同才热烈拥抱，表达他对郑云青的深深敬意。

面对死神，她坦然以对，报以微笑。遵照她生前的嘱咐，家属将她的遗体捐献给了上海中医药大学供医学研究。

郑云青，一位平凡而伟大的女性。她以自己爱岗敬业的精神，严慎细实的工作作风，勇于担当的责任感和无私奉献的品质，勾勒出一个航天人高尚的灵魂和崇高的形象。她的身上，是一个个型号团队成员的缩影，彰显着上海航天人乐观向上、坚强不屈、严谨认真的精神风貌。

6.6. 宇宙无涯，梦亦无涯
——转身未必离开，终点也是起点

2020 年 12 月 17 日凌晨，嫦娥五号任务圆满成功，所有人都沉浸在欢乐中。在众人忘情欢呼时，有一支小分队却没有加入庆祝的队伍。轨道器还在飞！在轨道器和返回器分离后，轨道器抬升轨道后继续飞向茫茫深空！来不及分享成功的喜悦，探测器总体、轨道器总体与轨道器各分系统的值班人员迅速转移到一个小厅，继续坚守在岗位上，紧锣密鼓地开始轨道器拓展任务的第一次变轨操作。就这样，这支小分队错过了集体合影的激动瞬间，只能在半小时后重返指挥飞控大厅，与队友继续庆祝。这一切并不重要，快乐和荣耀属于型号队伍的每一个人，任何时候，只要需要，他们随时待命。

2020 年 12 月 18 日，当大部队收拾行装凯旋的时候，轨道器总体主任设计师赵晨带领着相关分系统飞控人员与探测器总体团队共同开始了轨道器的拓展任务，确保轨道器能"潇洒"地踏上前往日地拉格朗日 L1 点的征途。

什么是"拉格朗日 L1 点"？18 世纪后半期，瑞士数学家欧拉发现，在一个行星系统中，存在着一些特殊点位，位于这些点位上的小天体相对于其他两个大型天体而言，其位置基本保持稳定。随后，数学家约瑟夫·拉格朗日推导出，在每个大型天体系统中，都存在 5 个这样的点位，它们被命名为"拉格朗日点"，分别被记为 L1、L2、L3、L4 和 L5。嫦娥五号轨道器的目标就是"日地拉格朗日 L1 点"，它位于太阳与地球的连线之间，距离地球约 150 万千米，这里是地球与太阳之间的引力"动平衡点"。轨道器在这个位置上受到来自各方的引力大小基本相同，更容易保持相对稳定的运行状态，还可以不间断地观测太阳或地球的向阳面，是放置太阳观测站的最佳位置。

在飞控中心、探测器总体、轨道器总体团队的共同努力下，2021 年 3 月 15 日，嫦娥五号轨道器成功地被"日地拉格朗日 L1 点"捕获，成为我国首颗进入该探测轨道的航天器。目前，轨道器已完成"日地拉格朗日 L1 点"转移轨道设计与控制技术验证，L1 点环绕轨道设计与控制技术验证，L1 点附近光照、辐照环境检测，以及远距离测控通信等试验。直到现在，轨道器整器姿态稳定、能源平衡、工况正常，正用最后的燃料努力做出更大的贡献。

上海航天技术研究院轨道器研制团队将成功的喜悦化为持续的动力，不仅助力轨道器飞得更远，更在嫦娥五号成功的基础上，迅速转入后续月球探测型号的论证与研制工作中。他们将在嫦娥五号的基础上，继续肩负月球探测的使命与任务，扬帆奋进。成就属于过去，奋斗才是探月人永恒的主旋律！

黑格尔说："一个民族只有拥有了仰望星空的人，才有希望。"

上海航天技术研究院的"嫦娥人"仰望浩渺星空，脚踏实地。他们敬业奉献、追求卓越，在中国探月工程任务中书写了浓墨重彩的一笔。未来，他们将再接再厉，肩负月球探测拓展使命，不断向着宇宙星空的星辰大海扬帆奋进。

补记

追风似骏马，跨越成雄鹰
——嫦娥六号再踏征程

2020 年 12 月 17 日，嫦娥五号任务取得圆满成功，10 年圆梦，举国欢腾时，嫦娥六号正安静地躺在恒温恒湿库房里。作为嫦娥五号的备份件，她是嫦娥五号的孪生姐妹，姐姐出嫁之时，她却待字闺中。

2022 年年初，嫦娥六号任务目标确定，中国将实现人类首次月球背面采样返回！从东方红一号开始，中国航天在一穷二白中起步。从此，一代代航天人，筚路蓝缕，以启山林。我们一直在追赶着航天强国的脚步，我们有了自己的人造卫星，我们成功实现了载人航天、建造了中国空间站。我们 10 年磨剑终于完成中国人的奔月之梦，跻身为世界上仅有的 3 个完成月球采样返回的国家。航天人用自己的行动证明了中国人的骨气——"他可往，我亦可往！"当我们将采样目标瞄准月背时，一切在悄然中发生了变化。因为，这次我们不再是追赶者，嫦娥六号将开创人类航天史上的新篇章。

嫦娥六号探测器要实现月背采样，需要进行多项适应性更改。其中，轨道器还承担了搭载巴基斯坦立方星的重任。轨道器要在现有布局不变的前提下，安装立方星，既要保证立方星分离安全，又要保证视场可见。飞行姿态和任务时间的改变，导致轨道器热控、电源、测控数传等分系统飞控策略发生重大改变，相应的飞行程序、故障预案进行了大幅调整。面对困难，我们迎难而上。总体主任设计师袁勇带领新加入队伍的易凌宇，加班加点完成了立方星布局设计。2022 年 9 月 18 日，经过适应性更改后的嫦娥六号轨道器顺利通过正样设计评审。2023 年 1 月，立方星与轨道器顺利完成专项分离试验，验证了立方星在轨道上安装布局的合理性及分离安全性。

2023 年 3 月，完成总装的轨道器运抵北京，自此轨道器在北京先后完成了 3 个阶段的电性能测试和专项测试、整器力学试验、EMC（Electromagnetic Compatibility，电磁兼容）试验、热试验、中继星联试与北京飞控中心天地无线联试。同时，轨道器设备还完成了与江阴、青岛、佳木斯、喀什等深空站的对接测试。嫦娥六号任务明确后，两位 90 后硕士研究生陈欢乐和周卓直接加入电总体设计师队伍。他们在电总体主任设计师刘志强的带领下，承担轨道器电总体重要的技术协调和把关工作。他们刚参加工作便高强度连续出差，2023 年 3 月至 12 月，合计在上海的时间不超过一个月，每次回到上海反而像"出差"一样，待不了两天便匆匆赶回北京。2023 年 12 月 7 日，嫦娥六号探测器按期完成全部试验和测试，在北京顺利完成出厂评审。

2024 年 1 月 3 日，嫦娥六号轨道器研制团队衣不卸甲，马不解鞍，直奔中国文昌航天发射场，开始了长达 4 个月的发射场总装和测试工作。总体主任设计师袁勇和产保师瞿水群带领大家完成了 613 项最终状态确认和 1700 多项质量控制点的确认，将航天人的严、慎、细、实做到了极致，确保轨道器不带任何隐患进入发射状态。电总体主任设计师刘志强在发射场测试工作告一段落后，于 3 月底带领轨道器飞控队伍提前进驻北京飞控中心，进行飞控准备。至发射之前，轨道器累计加电 2600 小时，制定故障预案 168 条，校对指令 2000 余条。嫦娥六号轨道器研制团队从各方面做好了充分的准备，万事俱备，只欠东风。

2024 年 5 月 3 日 17 时 27 分，嫦娥六号顺利发射升空；5 月 8 日 16 时 14 分，轨道器搭载的巴基斯坦立方星成功实施分离，不久后传回其拍摄的首幅月球图片，巴基斯坦举国欢腾；6 月 6 日，轨返组合体和上升器实现在轨交会对接，并顺利完成样品转移；6 月 25 日 14 时 7 分，嫦娥六号返回器准确着陆于内蒙古四子王旗预定区域，任务取得圆满成功，中国首次实现月球背面自动采样返回。

桐花万里丹山路，雏凤清于老凤声
——年轻队员快速成长

2022 年 9 月，贮存了 3 年 9 个月之久的对接与样品转移机构终于启封，以嫦娥六号之名，将踏上前往月球背面的征途，去那片无人涉足之地将月壤带回地球。

这次任务，还迎来了两位新的设计师，一位是黄树勇，另一位是庄梓巍，他们面对嫦娥六号对接与样品转移机构任务，工作非常积极主动。

嫦娥六号对接与样品转移机构这位"老同志"一上来就给团队出了个难题：嫦娥五号从验收到发射间隔了 3 年 8 个月，中间贮存 900 多天，而嫦娥六号从验收到发射间隔长达 7 年。过了这么久，对接与样品转移机构性能有没有下降，还能满足性能指标要求吗？

在对接与样品转移机构贮存期间，该分系统主任设计师傅丽佳就带着团队着手研究这个问题。虽然有嫦娥五号等型号的贮存经验作为参考，但仍不足以得出确切结论。分系统按照现有经验，对影响机构寿命的因素进行了统计，从温湿度到光照，从原材料到元器件，每一个要素都要详细分析。再结合贮存期间定期检查的结果，得出了初步结论：机构贮存期间状态维持良好，可以继续使用。

然而，光有分析是远远不够的，还需要通过试验来进行佐证。此时分系统又遇到了另一个难题：要确认产品的状态，就需要详细的试验数据作为支撑。大量的试验测试必然压缩产品的剩余使用次数，试验做太多，降低了产品的性能怎么办？要是有两套产品，一套测试、一套上天就好了！

这时，他们想到了尘封已久的能力件。能力件本就是为代替正样件进行大量试验测试而投产的，产品技术状态与正样件基本一致，从生产出来到现在正好 7 年，贮存环境也比正样件更恶劣。如果能力件还能满足指标要求，那正样件就更没有问题了。分系统敲定了试验项目：正样件进行试验项目完整，但试验次数减少的再验收试验；能力件进行全面的验收试验，来对正样件的状态进行旁证。就连已经拆解的用于加严考核的鉴定件也被利用起来，对轴承和齿轮润滑膜层的润滑效果进行检验。

最终经过两个多月的试验后，正样件和能力件都顺利地完成了各自的试验项目，各项指标均能满足要求，鉴定件零件润滑膜层也没有异常。嫦娥六号正样件，具备参加飞行试验的条件。

产品经受住了时间的考验，压力又来到了两位小同志身上。试验型号下发了验收计划，仅留了一周多的时间，此时主任设计师傅丽佳又因其他型号任务远在外地，只能靠两人完成验收工作。经过了认真思考，多次深入分析，两人沉下心来，为这次验收努力做好准备。在两人废寝忘食的努力以及傅丽佳的远程指导下，他们终于按时完成了验收前的准备工作，通过了产品数据包审查、实物验收和研制总结评审。嫦娥五号研制团队不怕吃苦，能打胜仗的优良作风，在嫦娥六号研制团队得到了传承。

　　嫦娥六号对接与样品转移机构产品历久弥新，用自身讲述着一代航天人的故事。航天人将继往开来，书写属于他们自己的故事。

后记

　　我长期从事载人航天器的研制工作，后因工作安排，参与探月工程轨道器的研制，有幸与探月工程团队一起共事、成长。与探月的渊源要追溯到10多年前，在探月工程二期论证时，我任上海航天技术研究院总体所研究发展部副主任。当时，我分管载人航天业务领域，丁同才主任主管月球探测领域，这是我第一次与探月领域结缘。后来总体所决定将研究发展部拆分为载人航天总体室和月球探测论证的新技术研究室。2010年左右，随着业务的发展，上海航天技术研究院机关和总体所决定加强载人航天和探月的力量，在上海航天技术研究院科研四部的支持下，将载人航天总体室和负责月球探测研究的新技术研究室再次整合，成立新的上海航天技术研究院载人航天与探月工程总体室，我出任总体室主任，全面负责全室的载人航天的型号研制和月球探测方案论证和设计，这是我与探月的第二次结缘。2012年3月，两个领域又独立建制，分别成立新的研究室，而我担任载人航天某型号副总师。与探月领域一别4年后，2016年，一纸调令，将我任命为上海航天技术研究院探月工程三期的轨道器技术总负责人、探月工程三期探测器系统副总设计师，这是我第三次，也是最深的一次与探月结缘。

　　与探月结缘的3次机会，让我一次比一次更深入地了解探月工程，了解探月队伍。我对探月团队并不陌生，探月团队的总体队伍基本是我担任总体室主任时组建的，上海航天技术研究院探月的总指挥张玉花是与我在载人航天领域合作多年的伙伴。对人员队伍的熟悉，使我能够迅速融入研制环境，适应其中的工作。

探月团队始终是一支进取的团队，是一支善于学习、敢于攻关、善于协作的团队。我们向其他型号学习，在学习中进步和成长，在研制过程中突破一个又一个技术难题。在对接与样品转移机构研制过程中，我们进行了 661 次对接和 518 次转移验证试验，可谓千锤百炼。在与探测器系统的协作过程中，我们积极思考、主动作为、勇于担当。我们总是将测试和试验前置，在上海进行充分的验证和测试，然后再交付给嫦娥五号探测器总体，确保交付的产品质量可靠、性能优良，做到研制进度不误点，探测任务不误事。

轨道器研制团队的所有成员都"甘坐板凳十年冷"，守得住寂寞，默默奉献，忠于职守，大家都在为同一个目标努力奋斗。丁琳，来自中国科学院上海技术物理研究所，加盟轨道器团队后，兢兢业业，任劳任怨，在北京、海南长期出差，参与测试、飞控和大系统对接，足迹遍及天南海北。阎虎新，也是一位老同志了，从探月工程二期任务开始，一直从事探月的测试相关工作，长期在北京测试。阎虎新的夫人也是航天人，作为双职工家庭，他们很多时候要出差，很难照顾好家庭。在出厂前测试时，阎家女儿正好是高三的冲刺阶段，阎虎新同志仍然坚守北京的测试岗位。出征前，试验队指挥将阎虎新留下，让他陪女儿高考完再进场。高考结束后，阎虎新就直飞海南，投入紧张的测试工作中。还有很多很多的同志，都有十足的闪光点。

在工作过程中，我的内心始终被身边的同事感动着，我们经过 10 年研制，有加班至深夜的忙碌，有带着打印机余温的报告上会的紧张，有通宵达旦测试的疲劳，也有归零的压力，甚至有归零时委屈的眼泪。同时，我们更有火箭起飞的喜悦，返回器落地的欣喜，喜极而泣的激动。我们在做嫦娥五号轨道器研制工作总结的时候，尽可能展示同事的工作和对任务的贡献，但是航天人闪光之处太多了，我们只能将航天人奉献、奋斗的群像做简单的刻画。对于成功而言，任何的文字都是苍白的，10 年砥砺，只为航天人对信仰的不懈追求和对自我的不断挑战。

嫦娥五号飞行任务、拓展试验任务均已经取得圆满成功，那段波澜壮阔的岁月已成为我生命中最值得珍惜的记忆。

更让我欣慰的是，我们的设计师队伍在不断壮大，新鲜的血液源源不断注入我们团队。嫦娥五号任务结束后，很多同志带着荣耀和经验进入新的岗位继续发光发热。上海航天技术研究院嫦娥六号团队继承了前辈的传统，延续了型号的光荣。袁勇和刘志强分别担当嫦娥六号轨道器系统总体主任设计师和电总体主任设计师，这两位"80 后"同年参加工作，年龄相同，均是 40 岁出头，最黄金的年纪，有着丰富的经验和优秀的作风，他们承前启后，是目前队伍的核心力量；陈欢乐和周卓是两位年龄相仿的"90 后"总体设计师，专业扎实而又多才多艺，刚参加工作便投入嫦娥六号的伟大征程，以初生牛犊不怕虎的精神勇挑重担，经受住了型号的考验。轨道器其他分系统甚至已经有"00 后"的新生力量加入，他们同样参加了嫦娥六号自解封以来的历次试验、测试和飞行任务，表现出色。嫦娥六号任务能够在紧张的时间内，完成巨量的设计更改、状态更新，最终任务取得圆满成功，我们这支年轻的设计师队伍功不可没。我国能够完成人类首次月背自动采样返回，是航天人有序策划，脚踏实地，一代代扎实积累，薪火相传的成果。我们有幸踏着前人的肩膀站上这个高度，有责任也有信心取得更大的成绩。

我们将收拾行装，踏上下一个征程，迎接新的挑战，继续开展后续任务的研发工作，再创辉煌。

加油，航天人！

加油，中国航天！

加油，中国！

查学雷

嫦娥五号探测器副总设计师、轨道器总设计师

附录 A
轨道器重要节点记录

2011 年 1 月 7 日，国务院正式批准探月工程三期立项。

2011 年 1 月 18 日，国家国防科技工业局召开探月工程重大专项领导小组会议及探月工程三期动员会。

2011 年 5 月 27 日，上海航天技术研究院召开探月工程三期研制启动会。

A.1　嫦娥五号轨道器

（1）方案阶段研制节点

- 2010 年 12 月，完成轨道器方案论证报告评审。
- 2011 年 8 月 31 日，完成轨道器总体方案初步设计报告院级评审。
- 2011 年 12 月 20—23 日，完成轨道器各分系统方案初步设计报告院级评审。
- 2011 年 12 月 28 日，探月与航天工程中心质量与可靠性专家组对上海航天技术研究院轨道器质量与可靠性工作进展情况进行了检查。
- 2012 年 2 月，完成轨道器各分系统方案设计评审。

- 2012 年 3 月，完成轨道器总体方案设计院级评审。

- 2012 年 6 月 7 日，完成轨道器总体方案设计探测器系统级评审。

- 2012 年 8 月，完成各项关键技术攻关单机研制及总结。

- 2012 年 11 月，完成结构攻关产品生产。

- 2012 年 11 月，完成轨道器各分系统方案研制总结并转入初样。

- 2012 年 12 月，完成轨道器整器力学试验并总结。

- 2012 年 12 月，完成轨道器方案研制总结并转入初样。

（2）初样阶段研制节点

- 2013 年 6 月，完成轨道器初样设计院级评审。

- 2013 年 8 月，完成轨道器初样设计探测器系统级评审。

- 2015 年 8 月，完成轨道器初样转正样院级评审。

- 2015 年 9 月，完成轨道器初样转正样探测器系统级评审。

1）电性器研制与试验

- 2014 年 4 月，完成轨道器电单机桌面联试、电性器总装。

- 2014 年 8 月，完成轨道器单器 A、B、C 共 3 个阶段综合测试和 EMC、ESD（Electrostatic Discharge，静电放电）试验，交付给探测器系统。

- 2015 年 3 月，完成同测控与回收系统对接试验。

- 2015 年 6 月，完成探测器系统组合体状态 A0、A、B、C、D 各阶段综合测试。

- 2015 年 7 月，完成探测器系统组合体状态 EMC 和 ESD 试验。

2）热控器研制与试验

- 2014 年 6 月，完成部分总装支架安装及整体机加工，进行推进部装。

- 2014 年 9 月，完成推进部装。
- 2014 年 10 月，完成热控器总装。
- 2014 年 12 月，完成轨道器单器 16 个工况热平衡试验，交付给探测器系统。
- 2015 年 4 月，完成探测器系统组合体状态 3 个阶段 18 个工况的热平衡试验。

3）结构器研制与试验

- 2014 年 11 月，完成部分总装支架安装及整体机加工，进行推进部装。
- 2015 年 1 月，完成推进部装。
- 2015 年 2 月，完成结构器总装，交付给探测器系统。
- 2015 年 5 月，完成探测器系统组合体状态振动试验、噪声试验、器箭对接分离试验、器间分离试验、机构性能试验等。

4）专项试验研制与试验

- 2014 年 2—3 月，完成结构静力试验。
- 2014 年 3—5 月，完成天线初样 RM（Radiation Pattern Measurement，辐射方向图测量）试验。
- 2014 年 6 月，完成常温分离试验。
- 2015 年 6 月，完成高低温分离试验。
- 2015 年 5—7 月，完成对接与样品转移机构整机特性试验、转移试验、性能台对接试验和综合台对接试验等项目。
- 2015 年 2 月，完成高温隔热屏热试车验证试验。

5）鉴定产品研制与试验

- 2015 年 7 月，完成 21 台 / 套鉴定产品各项鉴定试验。

（3）正样阶段研制节点

1）正样产品研制

● 2015 年 9 月，轨道器总体研制转入正样阶段。

● 2015 年 12 月，完成轨道器结构分系统产品研制，交付给轨道器总体。

● 2016 年 1 月，完成轨道器结构喷漆，进行推进部装。

● 2016 年 3 月，完成轨道器各分系统电单机产品验收并交付。

● 2016 年 5 月，完成轨道器主结构推进部装，交付给总装厂。

● 2016 年 5 月，完成轨道器桌面联试，交付给总装。

● 2016 年 6 月，完成轨道器总装，开始整器综合测试。

● 2016 年 7 月底，完成轨道器上海阶段综合测试，交付给探测器总体。

● 2016 年 12 月，轨道器参加探测器系统各阶段综合测试、EMC 试验。

● 2017 年 1—2 月，完成探测器的力学试验、力学试验后机构测试、力学试验后分离测试、力学试验后太阳翼展开与光照试验、器箭对接与分离试验等大型试验。

● 2017 年 3—4 月，轨道器热改装，完成轨返组合体热平衡试验、低气压放电试验、热真空试验等大型试验。

● 2017 年 7 月，完成轨道器所有出厂前的软件落焊、测试与试验，进行出厂评审，待命出厂。

● 2017 年 12 月，完成轨道器贮存前测试与状态设置，进入贮存容器，正式开启贮存工作。

● 2019 年 1 月，完成轨道器贮存启封后状态恢复。

● 2019 年 3 月，完成轨道器发动机及电磁阀更换。

- 2019 年 9 月，完成轨道器贮存后演练测试，再次进入贮存容器，进行第二次贮存工作。
- 2020 年 2 月，轨道器启封，完成第二次启封后状态检查。
- 2020 年 5 月，完成轨道器贮存后发射场各阶段演练测试。
- 2020 年 5 月，完成轨道器 10 个分系统项目办级出厂评审、总体 7 个专项院级出厂评审。

2）轨道器专项试验节点

- 2016 年 1 月，完成轨道器正样 RM 专项试验。
- 2016 年 5 月，参加探测器系统正样 RM 专项试验。
- 2016 年 7—8 月，开展轨道器利用初样产品可靠性联试第一阶段工作。
- 2016 年 8—9 月，参加天津交会对接与样品转移专项试验。
- 2016 年 9—10 月，完成样品转移专项试验。
- 2016 年 12 月，组织对接与样品转移分系统与综合电子分系统开展性能台联试。
- 2016 年 11 月—2017 年 3 月，参加探测器系统与测控系统及地面应用系统的对接试验。
- 2017 年 5—7 月，完成轨道器初样产品可靠性联试第二阶段工作。
- 2019 年 3 月，完成轨道器在天津的整流罩内操作演练和加注工装演练。

（4）发射及飞控节点

- 2020 年 7 月 9 日，轨道器发射试验队进场。
- 2020 年 10 月 12 日，轨道器飞控试验队进驻飞控中心。
- 2020 年 11 月 24 日 4 时 30 分，嫦娥五号探测器发射。

- 2020 年 12 月 6 日，完成对接与样品转移。
- 2020 年 12 月 17 日 1 时 59 分，返回器着陆。

A.2　嫦娥六号轨道器

（1）正样阶段研制节点

- 2016 年 5 月，进行电性单机投产。
- 2017 年 8 月，进行机械类产品投产。
- 2018 年 3 月，完成轨道器各分系统产品验收。
- 2018 年 12 月，完成桌面联试。
- 2019 年 1 月—2022 年 8 月，轨道器产品进行贮存并定期测试。
- 2020 年 7 月，部分产品作为备份件参加嫦娥五号发射场工作。
- 2022 年 8 月，全面启封嫦娥六号轨道器，完成各单机交付前的补充试验，完成各分系统正样设计评审。
- 2023 年 3 月，完成上海地区轨道器总装及测试工作，将轨道器运抵北京参加探测器系统的 AIT（Assembly, Integration and Testing，组装、集成与测试）工作。
- 2023 年 11 月，完成轨道器 10 个分系统项目办级出厂评审、8 个总体专项院级出厂评审，并完成轨道器出厂评审。
- 2023 年 12 月，完成北京地区探测器各阶段综合测试、力学试验、热试验、专项试验、软件落焊及专项测试，完成出厂前总装工作。

（2）发射及试验节点

- 2024 年 1 月 3 日，轨道器发射试验队进场。

- 2024 年 3 月 25 日，轨道器飞控试验队进驻飞控中心。
- 2024 年 5 月 3 日 17 时 27 分，嫦娥六号探测器发射。
- 2024 年 5 月 8 日 16 时 14 分，巴基斯坦立方星分离。
- 2024 年 6 月 6 日，完成对接与样品转移。
- 2024 年 6 月 25 日 14 时 7 分，返回器着陆。